解事者

複雜的事物我簡單說明白

THING EXPLAINER

COMPLICATED STUFF IN SIMPLE WORDS

天下文化 遠見雜誌

目錄

書裡的東西在哪一頁？

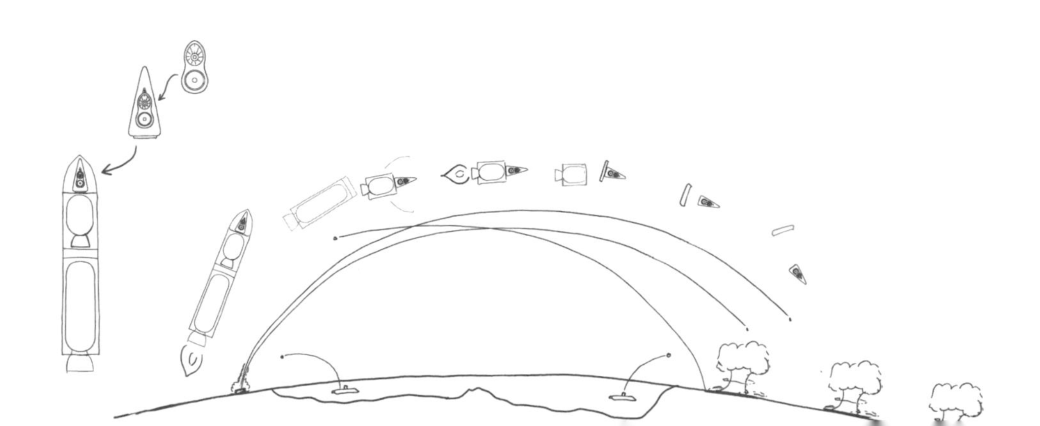

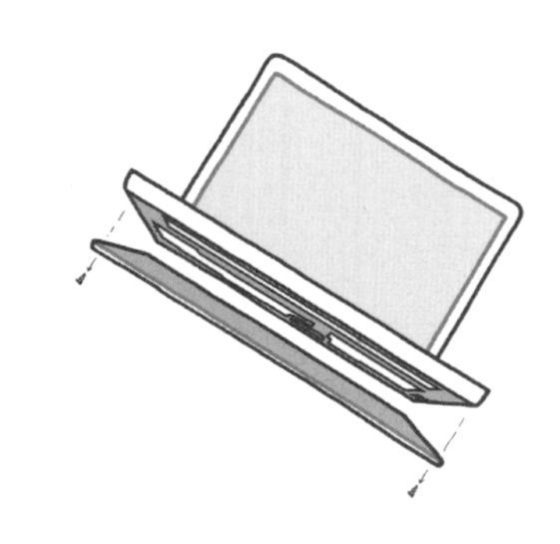

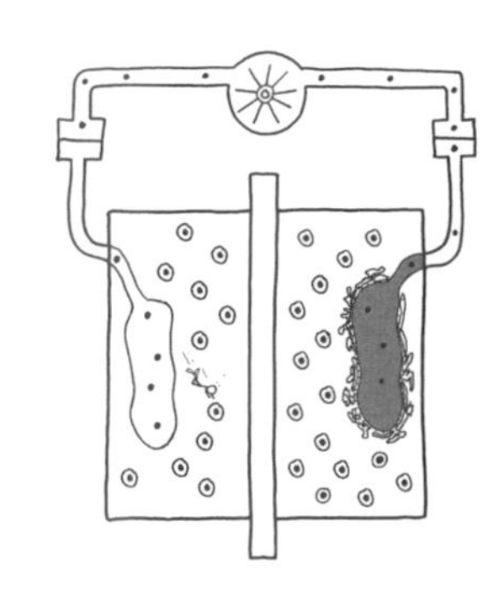

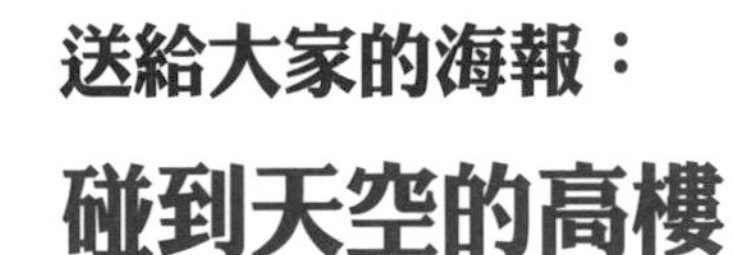

送給大家的海報：

碰到天空的高樓

感謝我的幫助者

我寫這本書時，得到很多人的幫忙。雖然他們的名字有些不是常見的字，但我還是寫出來，因為他們對我很重要，我要感謝他們。

懂很多事情，然後跟我分享的人：

Asma Al-Rawi・Edward Brash・Col. Chris Hadfield・Evan Hadfield
Charlie Hohn・Adrienne Jung・Alice Kaanta・Emily Lakdawalla
Reuven Lazarus・Ada Munroe・Phil Plait・Derek Radtke・schwal
Meris Shuwarger・Ben Small・Stack Overflow・Anthony Stefano
Kevin Underhill・Alex Wellerstein・Paul R. Woche, Lt. Col. USAF (Ret.)

幫了我很多忙的人：

Christina Gleason・Seth Fishman 和 Gernert 團隊，
包括 Rebecca Gardner、Will Roberts 及 Andy Kifer
Bruce Nichols、Alex Littlefield 以及 HMH 的其他夥伴，包括
Emily Andrukaitis、Naomi Gibbs、Stephanie Kim、Beth Burleigh Fuller、
Hannah Harlow、Jill Lazer、Becky Saikia-Wilson、Brian Moore、
Phyllis DeBlanche 和 Loma Huh
Richard Munroe・Glen、Finn、Stereo、James、Alyssa、Ryan、Nick
以及 #jumps 和 #computergame 上幫助我的朋友
還有最重要的，我要感謝那位堅強又美麗的戒指主人

開始之前，我想跟大家說……

嗨！

這本書裡有圖畫和簡單的文字。在每一頁裡，我都只用我說的話裡最常用的字詞，來解釋一些重要或有趣的東西是怎麼運作的。我想用這一頁先跟大家打聲招呼，順便說明為什麼這本書會長這個樣子。

我的人生中有很多時間都在擔心，別人會不會認為我懂得不夠多。有時候，因為太擔心了，就算沒有必要，我還是會故意用很正式的說法，很難的字眼來表達。

例如，有時候我會用正式的說法來形容地球的形狀。地球是圓的，但其實並沒那麼圓。地球因為自轉的關係，腰部會稍微寬一點。如果你要製造繞著地球飛行的太空船，必須先把地球的形狀弄清楚，這時候就要用一些正式的說法，而不能只是簡單的說，地球是「圓的」。然而，大部分的時候，我們不需要把形狀說得那麼準確，所以說地球是「圓的」就可以了。

我上學的時候學到了太空船，也學會用很多正式的說法，來講地球的形狀以及各種東西。有時候我用正式的說法，是因為有些重要的意思不能用普通的說法來表達。但很多時候，我其實只是擔心如果用普通的說法，可能會有人以為我不懂正式的說法。

我很高興能寫這本書，因為這讓我不用害怕自己看起來很笨。說到底，你如果一直用「太空船」* 和「噴水器」這樣的說法，真的會看起來很笨。決定用簡單的字，反而讓我不再擔心那麼多，我還可以隨我高興來幫東西取新的名字，也可以用新的方式來解釋那些很酷的點子。

有人認為，一開始就學正式的說法是沒道理的，因為重要的是知道這些東西在做什麼，而不是這些東西叫做什麼。我不覺得這完全正確。要真的學到東西，你需要別人的幫忙，但是如果要懂他們說的，就需要知道他們用的字是什麼意思。而且你也得知道那些東西叫做什麼，才能問別人問題。

不過，已經有很多書在說明各種東西叫做什麼了，所以我這本書還是來解釋那些東西在做什麼吧。

好了，關於這本書我已經介紹得差不多了。現在就翻開它，了解一下太空吧！

* 中文版注：作者在這裡用簡單的英文說法 space boat 來表示「太空船」，正式的英文說法是 spacecraft 或 space ship。其實中文的「太空船」本身就是正式的說法，但在這本書中，他把所有飛在太空中，像船一樣的東西都叫做太空船（space boat），包含了火箭、太空梭、太空船（spacecraft）。所以你在這本書裡看到「太空船」時，請記得那指的是在太空中飛行的很多種東西。

大字告訴你這本書在做什麼

解事者

複雜的事物我簡單說明白

THING EXPLAINER

COMPLICATED STUFF IN SIMPLE WORDS

我的名字

蘭德爾・門羅 RANDALL MUNROE

《如果這樣，會怎樣？》的作者，xkcd網站創辦人

張瑞棋──譯

共用的太空屋 國際太空站

這個太空屋在天上沒有空氣的地方飛行，是由許多國家合力蓋的。太空人要搭乘太空船才能飛來這裡。

太空屋一邊往下掉，一邊高速飛行前進，結果就變成在同樣的高度繞地球轉。屋內的東西跟著一起轉，所以就飄浮在半空中。水這種普通的東西，在這裡的行為也變得很奇怪；而你只要往牆壁輕輕一踢，就能飛來飛去，每個人都覺得這好玩極了。

太空屋內的人除了玩，還要工作、幫地球拍照。他們幫地面上的人了解花和機器等東西在太空中會怎樣。屋內通常只有六個人，每個人約停留半年。

我們蓋太空屋，主要是想學會，怎樣健康的在太空中生活幾個月，甚至幾年。如果我們想飛越太空到其他世界，得先學好這本事。

蓋太空屋時，我們把組裝太空屋的東西放在太空船上，然後讓太空船加速追上太空屋，再一件件裝起來。

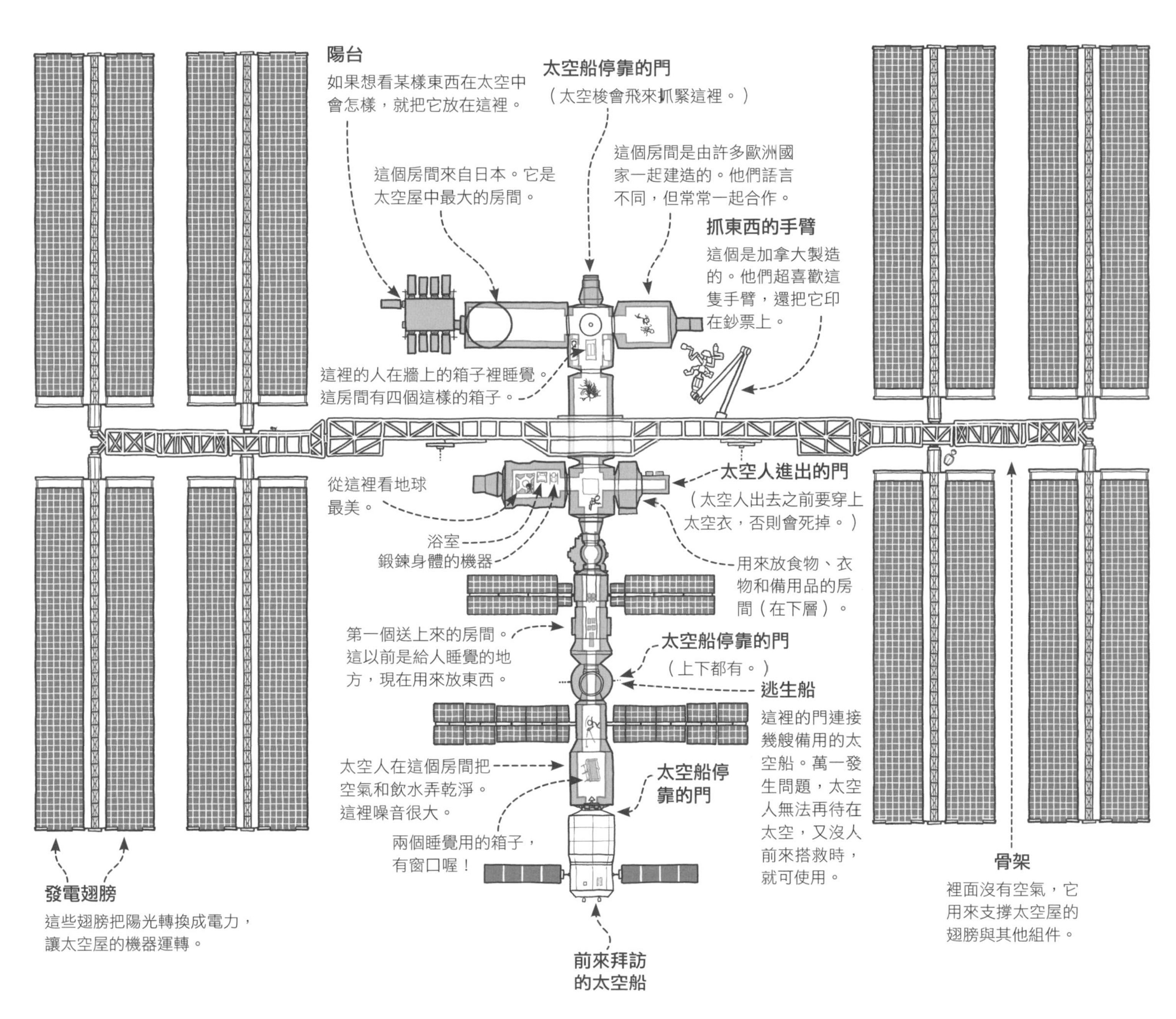

陽台
如果想看某樣東西在太空中會怎樣，就把它放在這裡。
太空船停靠的門
（太空梭會飛來抓緊這裡。）
這個房間來自日本。它是太空屋中最大的房間。
這個房間是由許多歐洲國家一起建造的。他們語言不同，但常常一起合作。
抓東西的手臂
這個是加拿大製造的。他們超喜歡這隻手臂，還把它印在鈔票上。
這裡的人在牆上的箱子裡睡覺。這房間有四個這樣的箱子。
從這裡看地球最美。
浴室
鍛鍊身體的機器
太空人進出的門
（太空人出去之前要穿上太空衣，否則會死掉。）
用來放食物、衣物和備用品的房間（在下層）。
第一個送上來的房間。這以前是給人睡覺的地方，現在用來放東西。
太空船停靠的門
（上下都有。）
逃生船
這裡的門連接幾艘備用的太空船。萬一發生問題，太空人無法再待在太空，又沒人前來搭救時，就可使用。
太空人在這個房間把空氣和飲水弄乾淨。這裡噪音很大。
太空船停靠的門
兩個睡覺用的箱子，有窗口喔！
發電翅膀
這些翅膀把陽光轉換成電力，讓太空屋的機器運轉。
骨架
裡面沒有空氣，它用來支撐太空屋的翅膀與其他組件。
前來拜訪的太空船

訪客

這些太空船載食物、飲水、零件和太空人來太空屋。

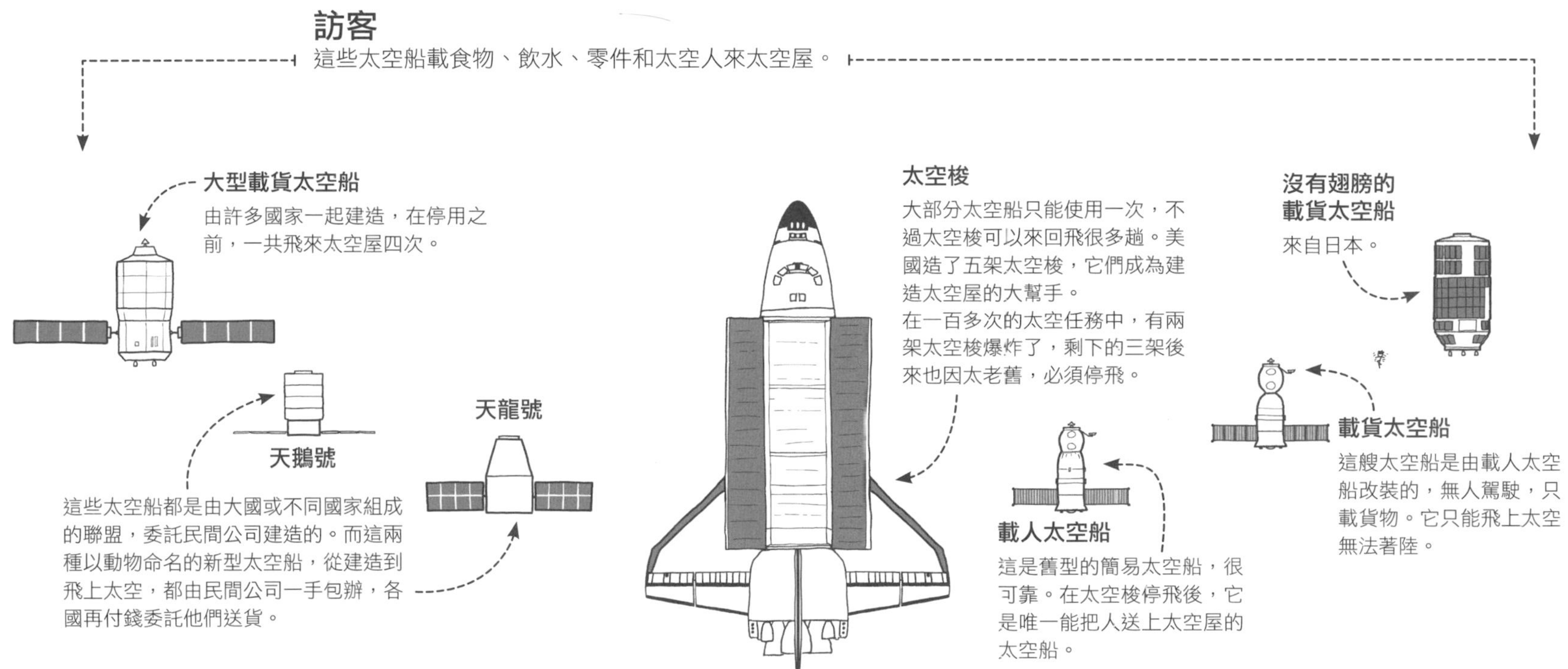

大型載貨太空船
由許多國家一起建造，在停用之前，一共飛來太空屋四次。
天鵝號
天龍號
這些太空船都是由大國或不同國家組成的聯盟，委託民間公司建造的。而這兩種以動物命名的新型太空船，從建造到飛上太空，都由民間公司一手包辦，各國再付錢委託他們送貨。
太空梭
大部分太空船只能使用一次，不過太空梭可以來回飛很多趟。美國造了五架太空梭，它們成為建造太空屋的大幫手。
在一百多次的太空任務中，有兩架太空梭爆炸了，剩下的三架後來也因太老舊，必須停飛。
載人太空船
這是舊型的簡易太空船，很可靠。在太空梭停飛後，它是唯一能把人送上太空屋的太空船。
沒有翅膀的載貨太空船
來自日本。
載貨太空船
這艘太空船是由載人太空船改裝的，無人駕駛，只載貨物。它只能飛上太空無法著陸。

組成你的小水袋 動物細胞

地球上的生物都是由很小很小的水袋組成的。有些生物就只是一個水袋，常常小到我們看不見；但其他生物是由很多水袋聚在一起組成的。你的身體也是由很多很多這樣的水袋組成的，你現在能讀這本書，就是靠它們一起合作。

這些水袋裡裝滿許多更小的袋子。生命用到非常多袋子，以及很多不同的水。袋子把不同東西隔開，以免互相碰到。袋子還能裝不同的水，這樣放在同一個地方，也不怕這些水混在一起。

下圖裡的一些小袋子，以前曾經自己獨自生活。很久以前，一些綠色小袋子學會了把陽光轉成能量，有一天，別種袋子把它們包起來，後來變成了花和樹。葉子的綠色，就是來自這些綠色小袋子的後代。

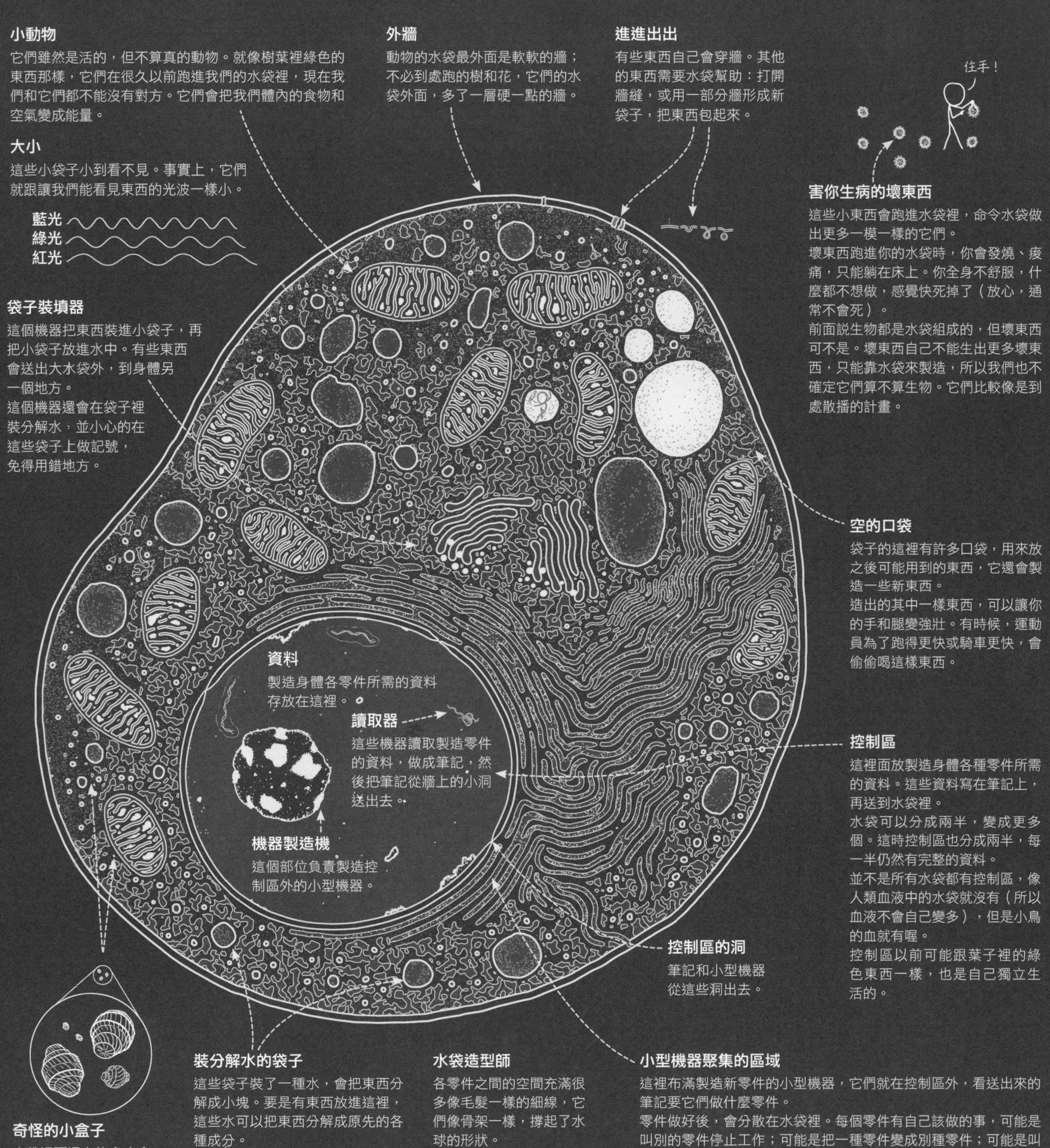

小動物
它們雖然是活的，但不算真的動物。就像樹葉裡綠色的東西那樣，它們在很久以前跑進我們的水袋裡，現在我們和它們都不能沒有對方。它們會把我們體內的食物和空氣變成能量。
外牆
動物的水袋最外面是軟軟的牆；不必到處跑的樹和花，它們的水袋外面，多了一層硬一點的牆。
進進出出
有些東西自己會穿牆。其他的東西需要水袋幫助：打開牆縫，或用一部分牆形成新袋子，把東西包起來。
住手！
大小
這些小袋子小到看不見。事實上，它們就跟讓我們能看見東西的光波一樣小。
藍光
綠光
紅光
害你生病的壞東西
這些小東西會跑進水袋裡，命令水袋做出更多一模一樣的它們。
壞東西跑進你的水袋時，你會發燒、痠痛，只能躺在床上。你全身不舒服，什麼都不想做，感覺快死掉了（放心，通常不會死）。
前面說生物都是水袋組成的，但壞東西可不是。壞東西自己不能生出更多壞東西，只能靠水袋來製造，所以我們也不確定它們算不算生物。它們比較像是到處散播的計畫。
袋子裝填器
這個機器把東西裝進小袋子，再把小袋子放進水中。有些東西會送出大水袋外，到身體另一個地方。
這個機器還會在袋子裡裝分解水，並小心的在這些袋子上做記號，免得用錯地方。
空的口袋
袋子的這裡有許多口袋，用來放之後可能用到的東西，它還會製造一些新東西。
造出的其中一樣東西，可以讓你的手和腿變強壯。有時候，運動員為了跑得更快或騎車更快，會偷偷喝這樣東西。
資料
製造身體各零件所需的資料存放在這裡。
讀取器
這些機器讀取製造零件的資料，做成筆記，然後把筆記從牆上的小洞送出去。
機器製造機
這個部位負責製造控制區外的小型機器。
控制區
這裡面放製造身體各種零件所需的資料。這些資料寫在筆記上，再送到水袋裡。
水袋可以分成兩半，變成更多個。這時控制區也分成兩半，每一半仍然有完整的資料。
並不是所有水袋都有控制區，像人類血液中的水袋就沒有（所以血液不會自己變多），但是小鳥的血就有喔。
控制區以前可能跟葉子裡的綠色東西一樣，也是自己獨立生活的。
控制區的洞
筆記和小型機器從這些洞出去。

奇怪的小盒子

水袋裡面還有許多小盒子，我們仍然不知道它們在做什麼。

裝分解水的袋子

這些袋子裝了一種水，會把東西分解成小塊。要是有東西放進這裡，這些水可以把東西分解成原先的各種成分。

萬一情況不對，這些袋子會裂開，分解水就跑了出來，大水袋一碰到分解水就會融化、死掉。

「構成你身體的水袋融化了」好像很糟，但有問題的水袋可能會造成傷害，分解水把它清掉後，你就可以再製造新的了。

水袋造型師

各零件之間的空間充滿很多像毛髮一樣的細線，它們像骨架一樣，撐起了水球的形狀。

有些線的中間是空的，可以把東西從水袋的這一邊送到另一邊。

小型機器聚集的區域

這裡布滿製造新零件的小型機器，它們就在控制區外，看送出來的筆記要它們做什麼零件。

零件做好後，會分散在水袋裡。每個零件有自己該做的事，可能是叫別的零件停止工作；可能是把一種零件變成別種零件；可能是叫另一個零件改做別的事；或者它會等到遇見另一個零件，才開始做事。

奇怪的是，沒人告訴零件該去哪裡。它在水袋裡逛來逛去，直到遇見另一個它應該抓住的零件（或是被另一個零件抓住）。這真的很奇怪，有這麼多零件，而它們都知道該抓住誰，是該幫助對方，還是阻止對方做事。

這些小水袋裡發生的事，比世界上絕大部分的東西都還難搞清楚。

重金屬發電廠 核反應器

這些發電廠用幾種很少見的特殊重金屬來發電。
它們用到的金屬，其中有一些在地底下可以找得到，不過這種地方很少。其他幾種金屬可以用人工製造，但需要靠已經在運作的發電廠幫忙才行。
這些金屬即使不做什麼，也一直發出熱。它們產生的熱有兩種：一種是像火那樣普通的熱，另一種是完全不同、很特別的熱。
這種特別的熱，像是一種你看不見的光線（至少大多數的時候，你看不見這種光。這種光只有非常大量聚在一起的時候，才會顯現藍色，但是你看到的時候，它一下就殺死你了）。
普通的熱會燒傷你，而這些金屬發出的熱，卻用不同的方式燒傷你。如果你靠近這種熱太久，身體會開始不對勁。最早研究這些金屬的科學家，有一些人就是這樣死掉的。
組成這種金屬的小顆粒一旦分解，會產生這種特別的熱，而且比火所能發出的熱還多更多。不過這些金屬大多分解得很慢，一塊跟地球年紀一樣大的金屬，到現在可能才分解掉一半。
過去這一百年期間，我們發現一件奇怪的事：有幾種這類金屬如果受到這種特別的熱，會分解得更快。
如果讓一塊這種金屬靠近另一塊，發出的熱會讓另一塊金屬分解得更快，產生更多的熱。
如果把很多這種金屬放在一起，金屬會很快的變得愈來愈熱，一下子全部分解，不到一秒就放出所有的熱。這就是為什麼這種金屬做的一小顆炸彈，就可以燒掉整座城市。
要用這種金屬來發電，必須讓它們互相靠近，近到可以很快產生很多熱，但又不能太近，免得失控爆炸。這很難做到，但是這些金屬發出的熱可以產生非常多的電，所以有些人還是要試試看。

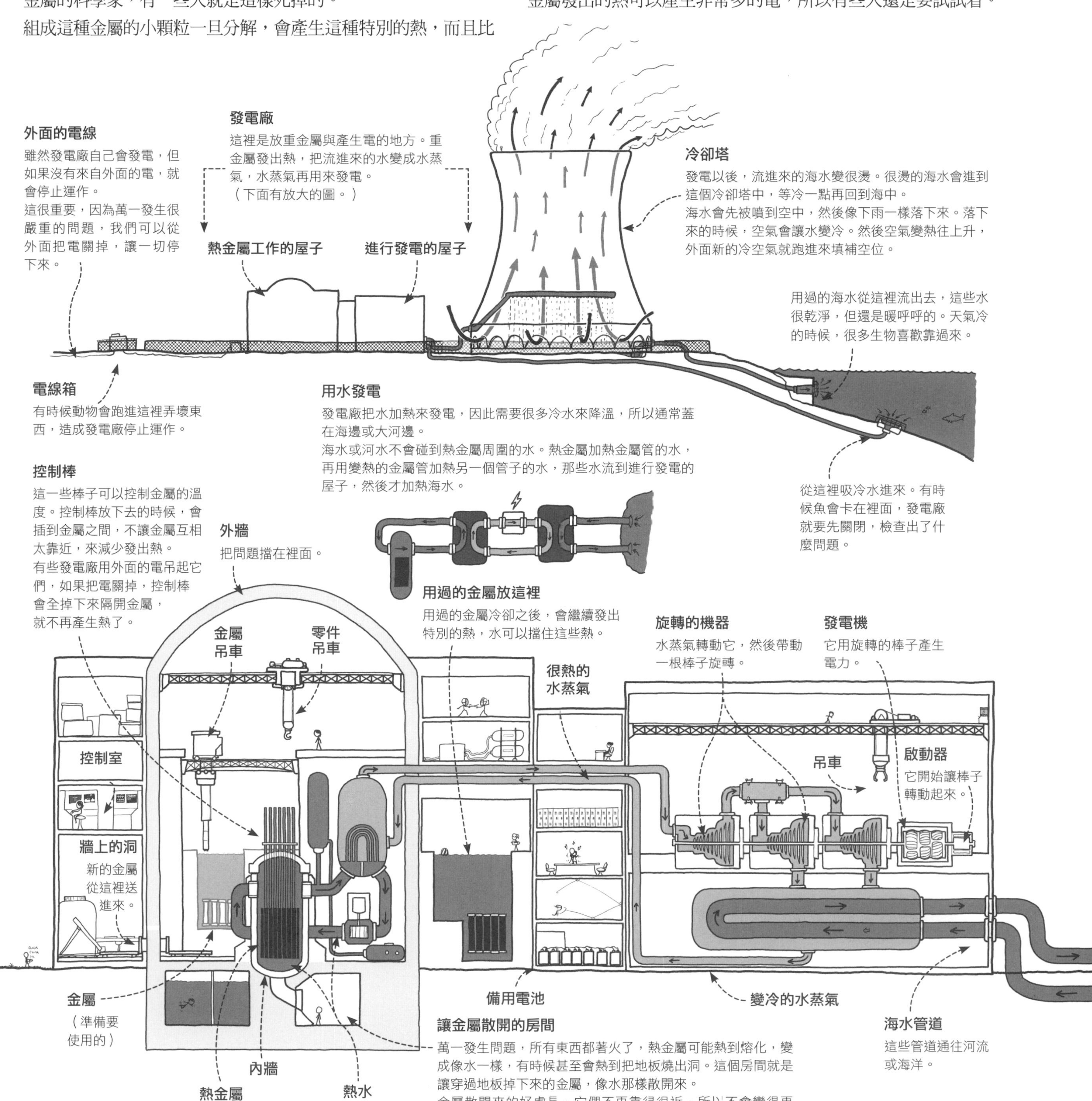

外面的電線
雖然發電廠自己會發電，但如果沒有來自外面的電，就會停止運作。
這很重要，因為萬一發生很嚴重的問題，我們可以從外面把電關掉，讓一切停下來。
發電廠
這裡是放重金屬與產生電的地方。重金屬發出熱，把流進來的水變成水蒸氣，水蒸氣再用來發電。
（下面有放大的圖。）
熱金屬工作的屋子
進行發電的屋子
冷卻塔
發電以後，流進來的海水變很燙。很燙的海水會進到這個冷卻塔中，等冷一點再回到海中。
海水會先被噴到空中，然後像下雨一樣落下來。落下來的時候，空氣會讓水變冷。然後空氣變熱往上升，外面新的冷空氣就跑進來填補空位。
用過的海水從這裡流出去，這些水很乾淨，但還是暖呼呼的。天氣冷的時候，很多生物喜歡靠過來。
電線箱
有時候動物會跑進這裡弄壞東西，造成發電廠停止運作。
用水發電
發電廠把水加熱來發電，因此需要很多冷水來降溫，所以通常蓋在海邊或大河邊。
海水或河水不會碰到熱金屬周圍的水。熱金屬加熱金屬管的水，再用變熱的金屬管加熱另一個管子的水，那些水流到進行發電的屋子，然後才加熱海水。
從這裡吸冷水進來。有時候魚會卡在裡面，發電廠就要先關閉，檢查出了什麼問題。
控制棒
這一些棒子可以控制金屬的溫度。控制棒放下去的時候，會插到金屬之間，不讓金屬互相太靠近，來減少發出熱。
有些發電廠用外面的電吊起它們，如果把電關掉，控制棒會全掉下來隔開金屬，就不再產生熱了。
外牆
把問題擋在裡面。
用過的金屬放這裡
用過的金屬冷卻之後，會繼續發出特別的熱，水可以擋住這些熱。
旋轉的機器
水蒸氣轉動它，然後帶動一根棒子旋轉。
發電機
它用旋轉的棒子產生電力。
金屬吊車
零件吊車
很熱的水蒸氣
控制室
吊車
啟動器
它開始讓棒子轉動起來。
牆上的洞
新的金屬從這裡送進來。
金屬
（準備要使用的）
備用電池
變冷的水蒸氣
海水管道
這些管道通往河流或海洋。
讓金屬散開的房間
萬一發生問題，所有東西都著火了，熱金屬可能熱到熔化，變成像水一樣，有時候甚至會熱到把地板燒出洞。這個房間就是讓穿過地板掉下來的金屬，像水那樣散開來。
金屬散開來的好處是，它們不再靠得很近，所以不會變得更熱。如果這個房間真的派上用場，表示情況非常非常糟糕！
內牆
熱金屬
熱水

火星太空車　好奇號探測車

這部太空車可以在火星上開來開去。火星就在地球旁邊，但還沒有人到過這個紅色世界，不過我們已經送了四部車上去，還發射很多太空船繞著它飛、從高空拍照。這部車是其中最大的一部，跟地球上常常看到的車輛一樣大。

我們把太空車送上火星是為了找水，因為有水，就可能有生命。現在那裡只有很少的水，而且因為太冷了，水都在地底下結成冰，但以前可不是這樣。

太空車從火星的岩石發現一件很酷的事：很久以前，當火星還很年輕的時候，曾經有過海洋！

現在火星上應該沒有生命，至少我們還沒發現。那裡又冷又乾，空氣非常少，地面上的水不是早就變成冰，就是蒸發了。

但是如果火星以前有海洋，可能也會有動物。地球上的動物死了以後，有時候一部分的身體會變成某種石頭。所以，如果火星上曾經有動物，或許我們可以找到牠們變成的石頭。

如果我們真的發現火星以前有生命，這很可能成為最重要的發現之一。因為這代表，其他很多星球也可能有生命。

我們現在知道天上的星星大多有星球環繞，但是我們不知道這些星球上面有沒有生命。雖然我們知道地球上有生命，但是這不表示生命到處都有。或許生命很特別，就只發生這麼一次，其他星球上根本沒有像我們這樣，會思考這個問題的人。

但是假如我們發現火星上曾經有生命，表示生命可能在其他地方也會出現，別的星球上也可能有生命。

如果我們的太空車在火星岩石內找到生命的痕跡，就代表我們並不孤單。

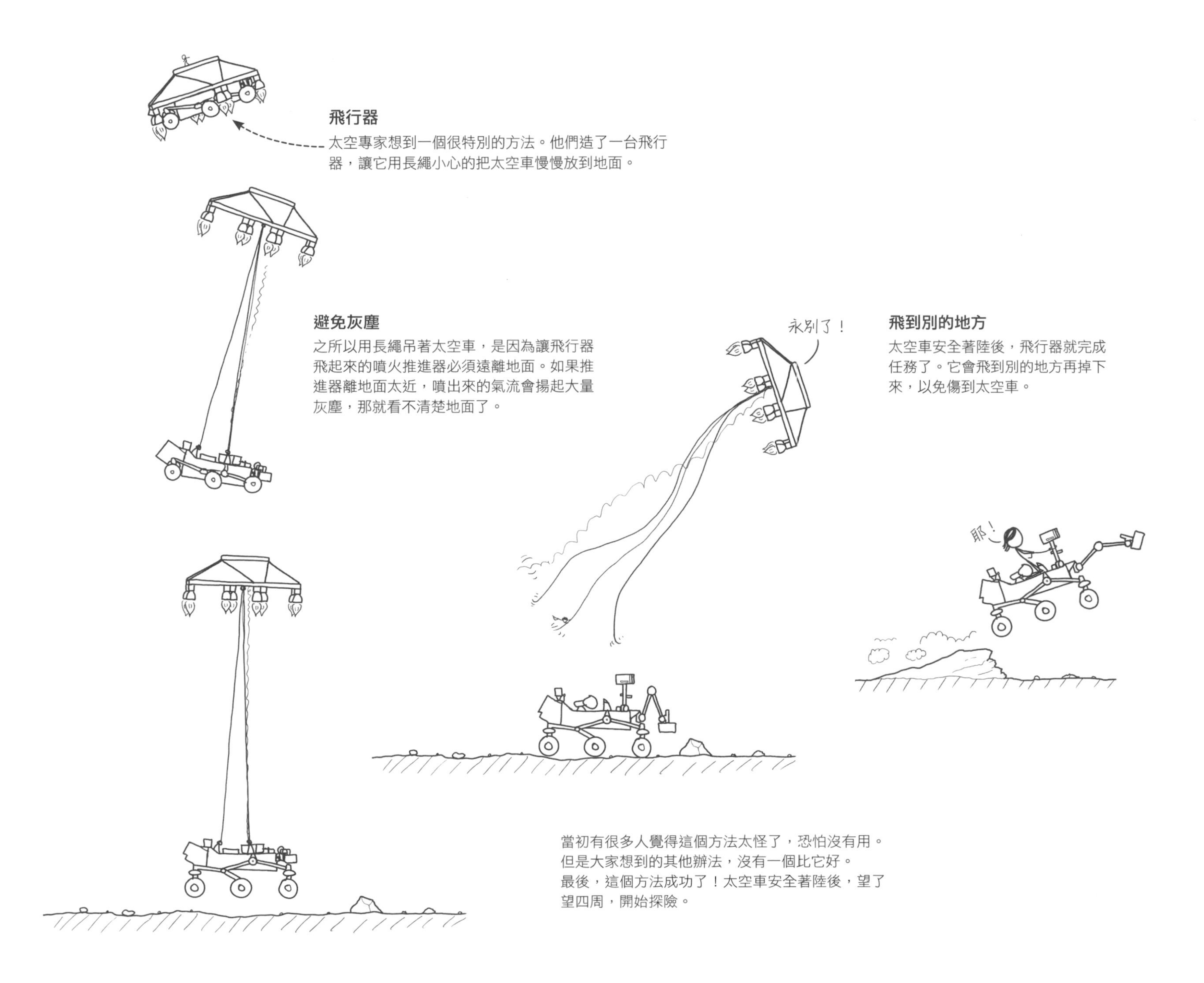
太空車如何降落
太空車很重，要讓它慢慢降落不要摔壞，可不容易。用降落傘是行不通的，因為車子太重，火星的空氣又太少，降落傘無法減慢太空車落下的速度。
飛行器
太空專家想到一個很特別的方法。他們造了一台飛行器，讓它用長繩小心的把太空車慢慢放到地面。
避免灰塵
之所以用長繩吊著太空車，是因為讓飛行器飛起來的噴火推進器必須遠離地面。如果推進器離地面太近，噴出來的氣流會揚起大量灰塵，那就看不清楚地面了。
永別了！
飛到別的地方
太空車安全著陸後，飛行器就完成任務了。它會飛到別的地方再掉下來，以免傷到太空車。
耶！
當初有很多人覺得這個方法太怪了，恐怕沒有用。但是大家想到的其他辦法，沒有一個比它好。最後，這個方法成功了！太空車安全著陸後，望了望四周，開始探險。

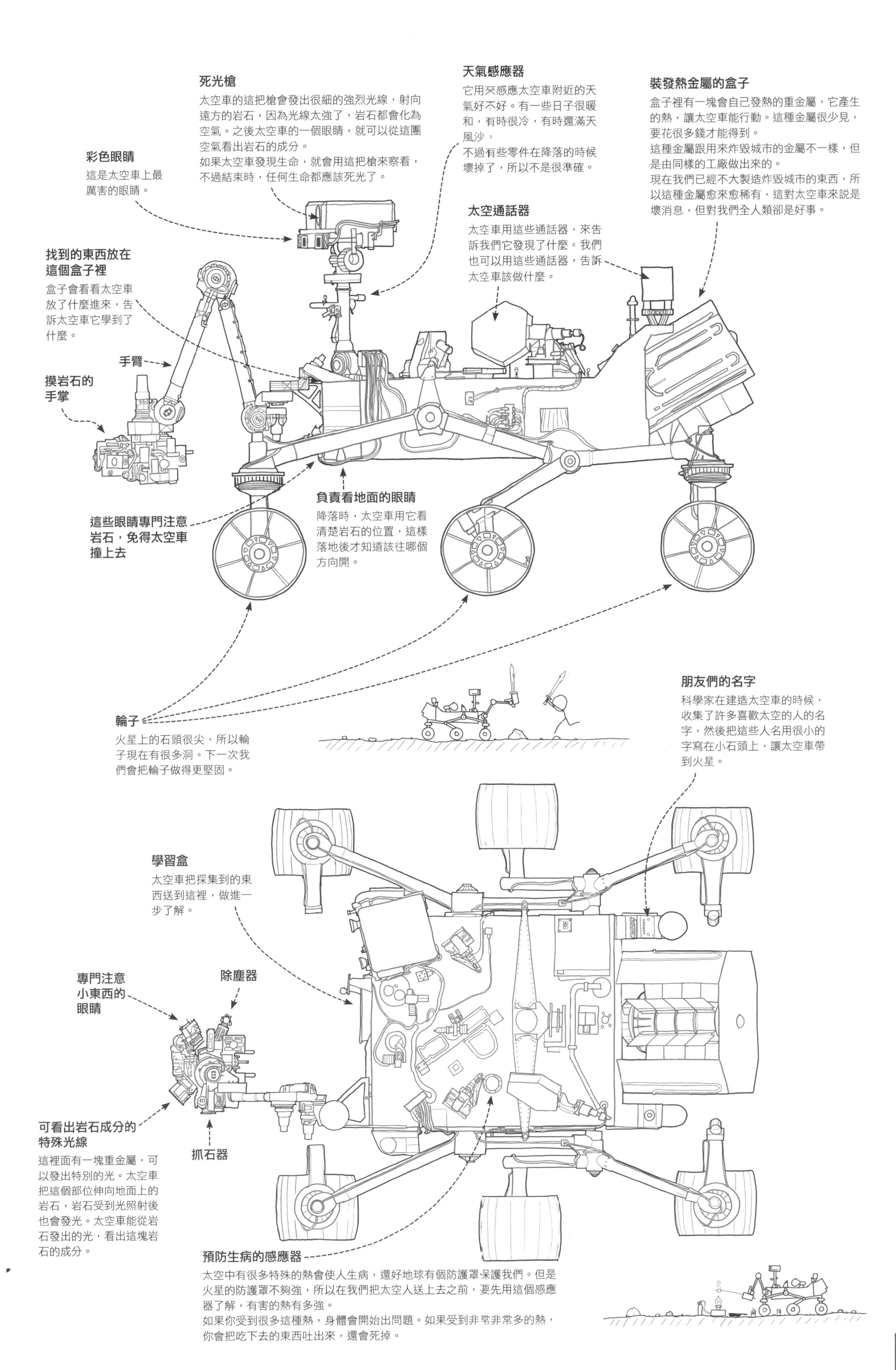
死光槍
太空車的這把槍會發出很細的強烈光線，射向遠方的岩石，因為光線太強了，岩石都會化為空氣。之後太空車的一個眼睛，就可以從這團空氣看出岩石的成分。
如果太空車發現生命，就會用這把槍來察看，不過結束時，任何生命都應該死光了。
天氣感應器
它用來感應太空車附近的天氣好不好。有一些日子很暖和，有時很冷，有時還滿天風沙。
不過有些零件在降落的時候壞掉了，所以不是很準確。
裝發熱金屬的盒子
盒子裡有一塊會自己發熱的重金屬，它產生的熱，讓太空車能行動。這種金屬很少見，要花很多錢才能得到。
這種金屬跟用來炸毀城市的金屬不一樣，但是由同樣的工廠做出來的。
現在我們已經不大製造炸毀城市的東西，所以這種金屬愈來愈稀有，這對太空車來說是壞消息，但對我們全人類卻是好事。
彩色眼睛
這是太空車上最厲害的眼睛。
太空通話器
太空車用這些通話器，來告訴我們它發現了什麼。我們也可以用這些通話器，告訴太空車該做什麼。
找到的東西放在這個盒子裡
盒子會看看太空車放了什麼進來，告訴太空車它學到了什麼。
手臂
摸岩石的手掌
負責看地面的眼睛
降落時，太空車用它看清楚岩石的位置，這樣落地後才知道該往哪個方向開。
這些眼睛專門注意岩石，免得太空車撞上去
輪子
火星上的石頭很尖，所以輪子現在有很多洞。下一次我們會把輪子做得更堅固。
朋友們的名字
科學家在建造太空車的時候，收集了許多喜歡太空的人的名字，然後把這些人名用很小的字寫在小石頭上，讓太空車帶到火星。
學習盒
太空車把採集到的東西送到這裡，做進一步了解。
專門注意小東西的眼睛
除塵器
可看出岩石成分的特殊光線
這裡面有一塊重金屬，可以發出特別的光。太空車把這個部位伸向地面上的岩石，岩石受到光照射後也會發光。太空車能從岩石發出的光，看出這塊岩石的成分。
抓石器
預防生病的感應器
太空中有很多特殊的熱會使人生病，還好地球有個防護罩保護我們。但是火星的防護罩不夠強，所以在我們把太空人送上去之前，要先用這個感應器了解，有害的熱有多強。
如果你受到很多這種熱，身體會開始出問題。如果受到非常非常多的熱，你會把吃下去的東西吐出來，還會死掉。

身體裡的各種袋子 人體器官

這張圖畫出我們身體裡的一些袋子，以及它們連在一起的情形。不過，它們真正的形狀，以及在身體裡的位置，並不是這樣的。這比較像是捷運路線圖，只告訴你每個站怎麼相連，而不管捷運站的樣子與彼此的距離有多遠。

身體裡還有很多重要的部位，這裡沒畫出來。不過這不要緊，反正身體裡的構造太多了，本來就沒辦法全部畫在一張圖上。

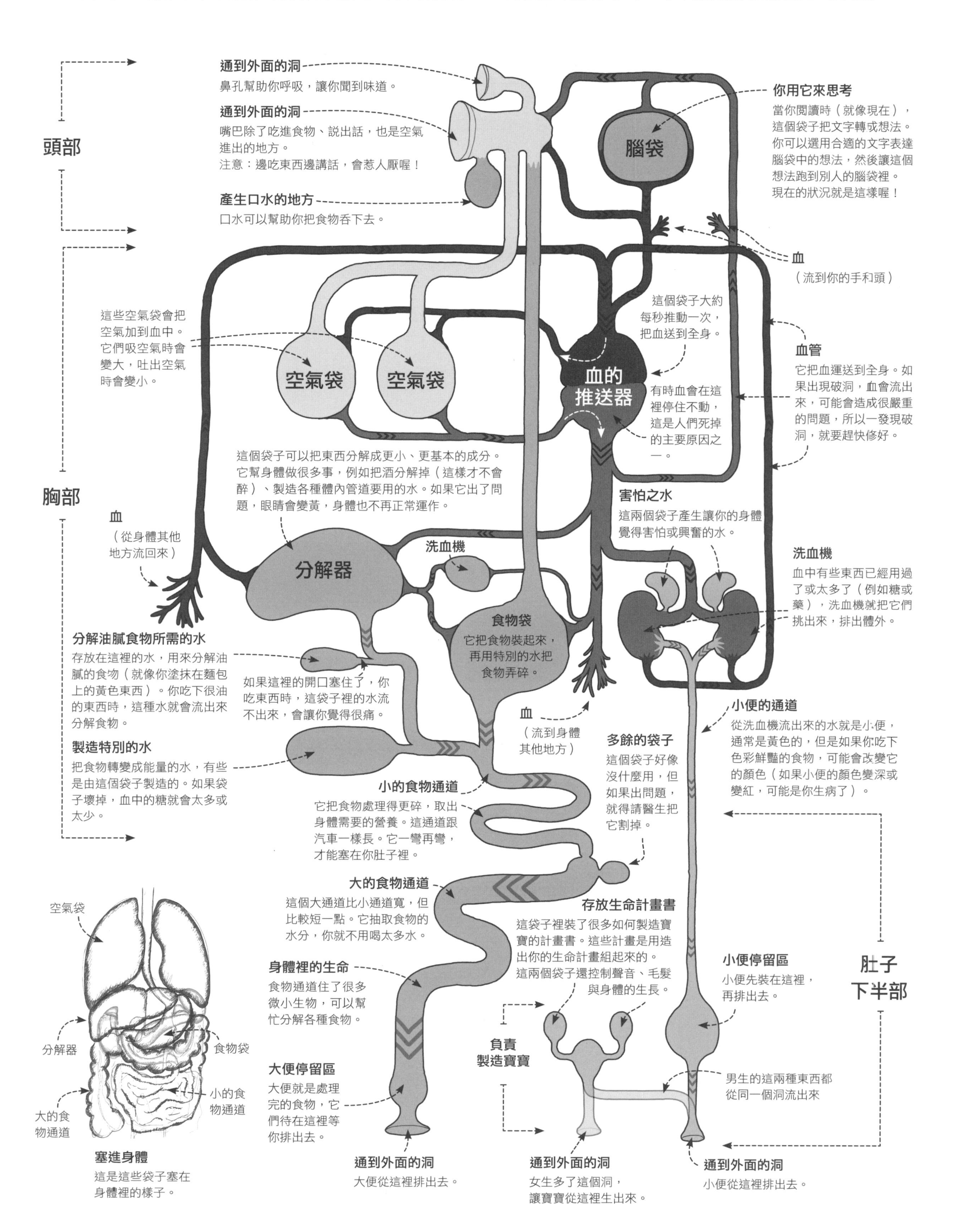

頭部
胸部
肚子下半部
通到外面的洞
鼻孔幫助你呼吸，讓你聞到味道。
通到外面的洞
嘴巴除了吃進食物、說出話，也是空氣進出的地方。
注意：邊吃東西邊講話，會惹人厭喔！
產生口水的地方
口水可以幫助你把食物吞下去。
你用它來思考
當你閱讀時（就像現在），這個袋子把文字轉成想法。你可以選用合適的文字表達腦袋中的想法，然後讓這個想法跑到別人的腦袋裡。現在的狀況就是這樣喔！
腦袋
血
（流到你的手和頭）
這些空氣袋會把空氣加到血中。它們吸空氣時會變大，吐出空氣時會變小。
空氣袋
空氣袋
這個袋子大約每秒推動一次，把血送到全身。
血的推送器
有時血會在這裡停住不動，這是人們死掉的主要原因之一。
血管
它把血運送到全身。如果出現破洞，血會流出來，可能會造成很嚴重的問題，所以一發現破洞，就要趕快修好。
這個袋子可以把東西分解成更小、更基本的成分。它幫身體做很多事，例如把酒分解掉（這樣才不會醉）、製造各種體內管道要用的水。如果它出了問題，眼睛會變黃，身體也不再正常運作。
害怕之水
這兩個袋子產生讓你的身體覺得害怕或興奮的水。
血
（從身體其他地方流回來）
分解器
洗血機
洗血機
血中有些東西已經用過了或太多了（例如糖或藥），洗血機就把它們挑出來，排出體外。
食物袋
它把食物裝起來，再用特別的水把食物弄碎。
分解油膩食物所需的水
存放在這裡的水，用來分解油膩的食物（就像你塗抹在麵包上的黃色東西）。你吃下很油的東西時，這種水就會流出來分解食物。
如果這裡的開口塞住了，你吃東西時，這袋子裡的水流不出來，會讓你覺得很痛。
血
（流到身體其他地方）
多餘的袋子
這個袋子好像沒什麼用，但如果出問題，就得請醫生把它割掉。
小便的通道
從洗血機流出來的水就是小便，通常是黃色的，但是如果你吃下色彩鮮豔的食物，可能會改變它的顏色（如果小便的顏色變深或變紅，可能是你生病了）。
製造特別的水
把食物轉變成能量的水，有些是由這個袋子製造的。如果袋子壞掉，血中的糖就會太多或太少。
小的食物通道
它把食物處理得更碎，取出身體需要的營養。這通道跟汽車一樣長。它一彎再彎，才能塞在你肚子裡。
大的食物通道
這個大通道比小通道寬，但比較短一點。它抽取食物的水分，你就不用喝太多水。
存放生命計畫書
這袋子裡裝了很多如何製造寶寶的計畫書。這些計畫是用造出你的生命計畫組起來的。這兩個袋子還控制聲音、毛髮與身體的生長。
身體裡的生命
食物通道住了很多微小生物，可以幫忙分解各種食物。
小便停留區
小便先裝在這裡，再排出去。
負責製造寶寶
空氣袋
分解器
食物袋
小的食物通道
大的食物通道
大便停留區
大便就是處理完的食物，它們待在這裡等你排出去。
男生的這兩種東西都從同一個洞流出來
塞進身體
這是這些袋子塞在身體裡的樣子。
通到外面的洞
大便從這裡排出去。
通到外面的洞
女生多了這個洞，讓寶寶從這裡生出來。
通到外面的洞
小便從這裡排出去。

讓衣服變乾淨的機器 洗衣機和乾衣機

衣服會沾上灰塵和汙垢，也會黏到來自皮膚的油垢，所以過一陣子就會變髒。如果衣服濕濕的放太久，可能會長出一些東西，變得臭臭的。這裡有兩種機器可以讓衣服變乾淨，下面那一種用水清洗衣服，上面這一種把衣服烘乾。

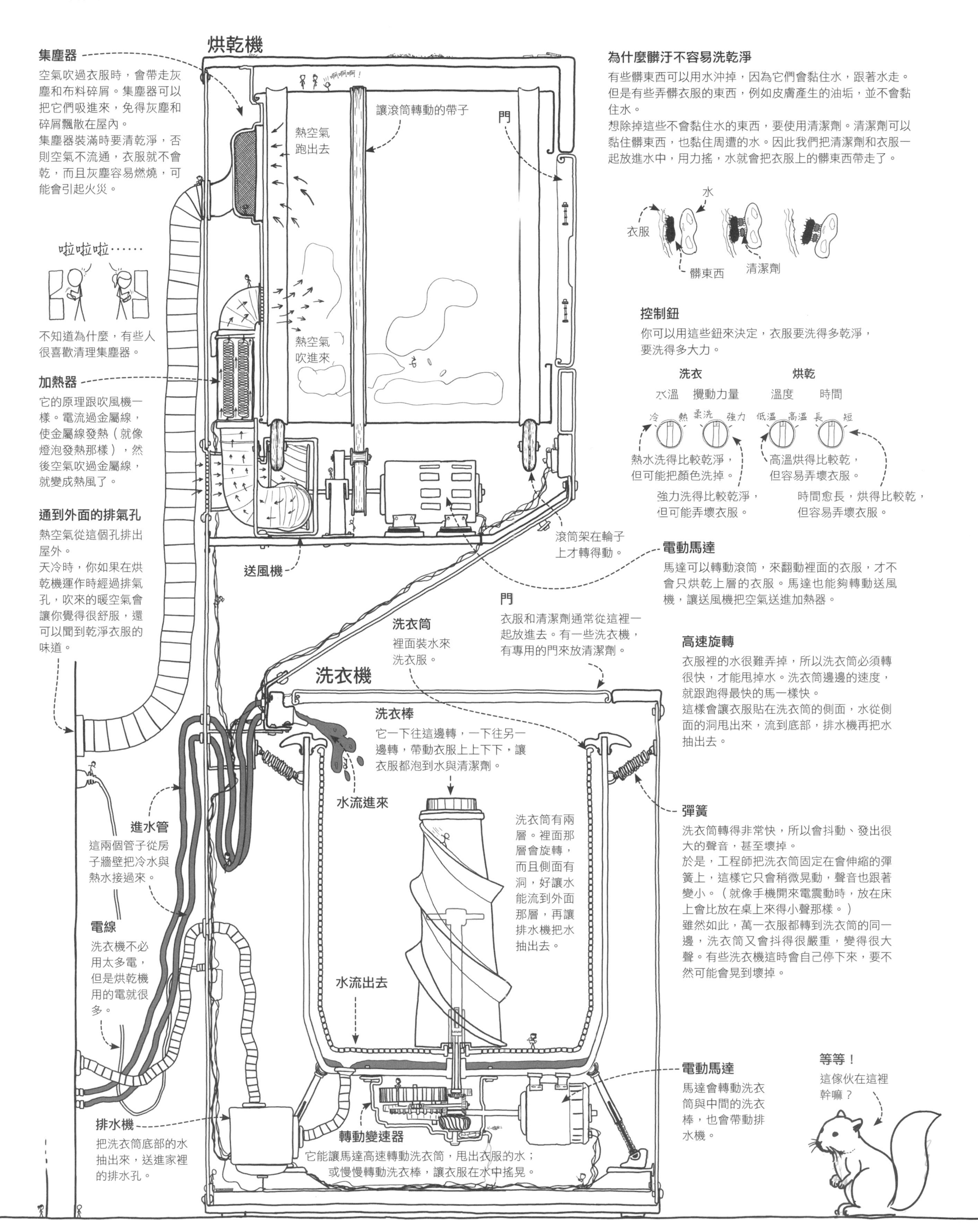

烘乾機
集塵器
空氣吹過衣服時，會帶走灰塵和布料碎屑。集塵器可以把它們吸進來，免得灰塵和碎屑飄散在屋內。
集塵器裝滿時要清乾淨，否則空氣不流通，衣服就不會乾，而且灰塵容易燃燒，可能會引起火災。
啦啦啦……
不知道為什麼，有些人很喜歡清理集塵器。
加熱器
它的原理跟吹風機一樣。電流過金屬線，使金屬線發熱（就像燈泡發熱那樣），然後空氣吹過金屬線，就變成熱風了。
通到外面的排氣孔
熱空氣從這個孔排出屋外。
天冷時，你如果在烘乾機運作時經過排氣孔，吹來的暖空氣會讓你覺得很舒服，還可以聞到乾淨衣服的味道。
熱空氣跑出去
熱空氣吹進來
讓滾筒轉動的帶子
門
送風機
滾筒架在輪子上才轉得動。
為什麼髒汙不容易洗乾淨
有些髒東西可以用水沖掉，因為它們會黏住水，跟著水走。但是有些弄髒衣服的東西，例如皮膚產生的油垢，並不會黏住水。
想除掉這些不會黏住水的東西，要使用清潔劑。清潔劑可以黏住髒東西，也黏住周遭的水。因此我們把清潔劑和衣服一起放進水中，用力搖，水就會把衣服上的髒東西帶走了。
水
衣服
髒東西
清潔劑
控制鈕
你可以用這些鈕來決定，衣服要洗得多乾淨，要洗得多大力。
洗衣
水溫
攪動力量
烘乾
溫度
時間
冷
熱
柔洗
強力
低溫
高溫
長
短
熱水洗得比較乾淨，但可能把顏色洗掉。
強力洗得比較乾淨，但可能弄壞衣服。
高溫烘得比較乾，但容易弄壞衣服。
時間愈長，烘得比較乾，但容易弄壞衣服。
電動馬達
馬達可以轉動滾筒，來翻動裡面的衣服，才不會只烘乾上層的衣服。馬達也能夠轉動送風機，讓送風機把空氣送進加熱器。
門
衣服和清潔劑通常從這裡一起放進去。有一些洗衣機，有專用的門來放清潔劑。
洗衣筒
裡面裝水來洗衣服。
洗衣機
洗衣棒
它一下往這邊轉，一下往另一邊轉，帶動衣服上上下下，讓衣服都泡到水與清潔劑。
水流進來
高速旋轉
衣服裡的水很難弄掉，所以洗衣筒必須轉很快，才能甩掉水。洗衣筒邊邊的速度，就跟跑得最快的馬一樣快。
這樣會讓衣服貼在洗衣筒的側面，水從側面的洞甩出來，流到底部，排水機再把水抽出去。
進水管
這兩個管子從房子牆壁把冷水與熱水接過來。
洗衣筒有兩層。裡面那層會旋轉，而且側面有洞，好讓水能流到外面那層，再讓排水機把水抽出去。
彈簧
洗衣筒轉得非常快，所以會抖動、發出很大的聲音，甚至壞掉。
於是，工程師把洗衣筒固定在會伸縮的彈簧上，這樣它只會稍微晃動，聲音也跟著變小。（就像手機開來電震動時，放在床上會比放在桌上來得小聲那樣。）
雖然如此，萬一衣服都轉到洗衣筒的同一邊，洗衣筒又會抖得很嚴重，變得很大聲。有些洗衣機這時會自己停下來，要不然可能會晃到壞掉。
電線
洗衣機不必用太多電，但是烘乾機用的電就很多。
水流出去
電動馬達
馬達會轉動洗衣筒與中間的洗衣棒，也會帶動排水機。
等等！
這傢伙在這裡幹嘛？
排水機
把洗衣筒底部的水抽出來，送進家裡的排水孔。
轉動變速器
它能讓馬達高速轉動洗衣筒，甩出衣服的水；或慢慢轉動洗衣棒，讓衣服在水中搖晃。

地球表面 地球自然地圖

地球表面很特別，目前為止，這是我們所知唯一有海水的星球表面，而且是唯一陸地由會移動的一層層岩石組成的星球表面。地球表面有很多有趣的事情，下面這些地圖畫出了一些。

地球表面像一顆球，所以把它的表面拉開畫在紙上，形狀和大小一定會改變。這裡的地圖中，位於上方和下方的陸地，看起來比實際上來得大，而且地圖兩邊的陸地有些會變形。

這問題沒辦法解決。畫在紙上的星球地圖，上面的陸地大小、形狀，或是從一個地方到另一個地方的方向，都不完全正確。這裡的圖也只能盡量維持大概的形狀，不要變形太多。

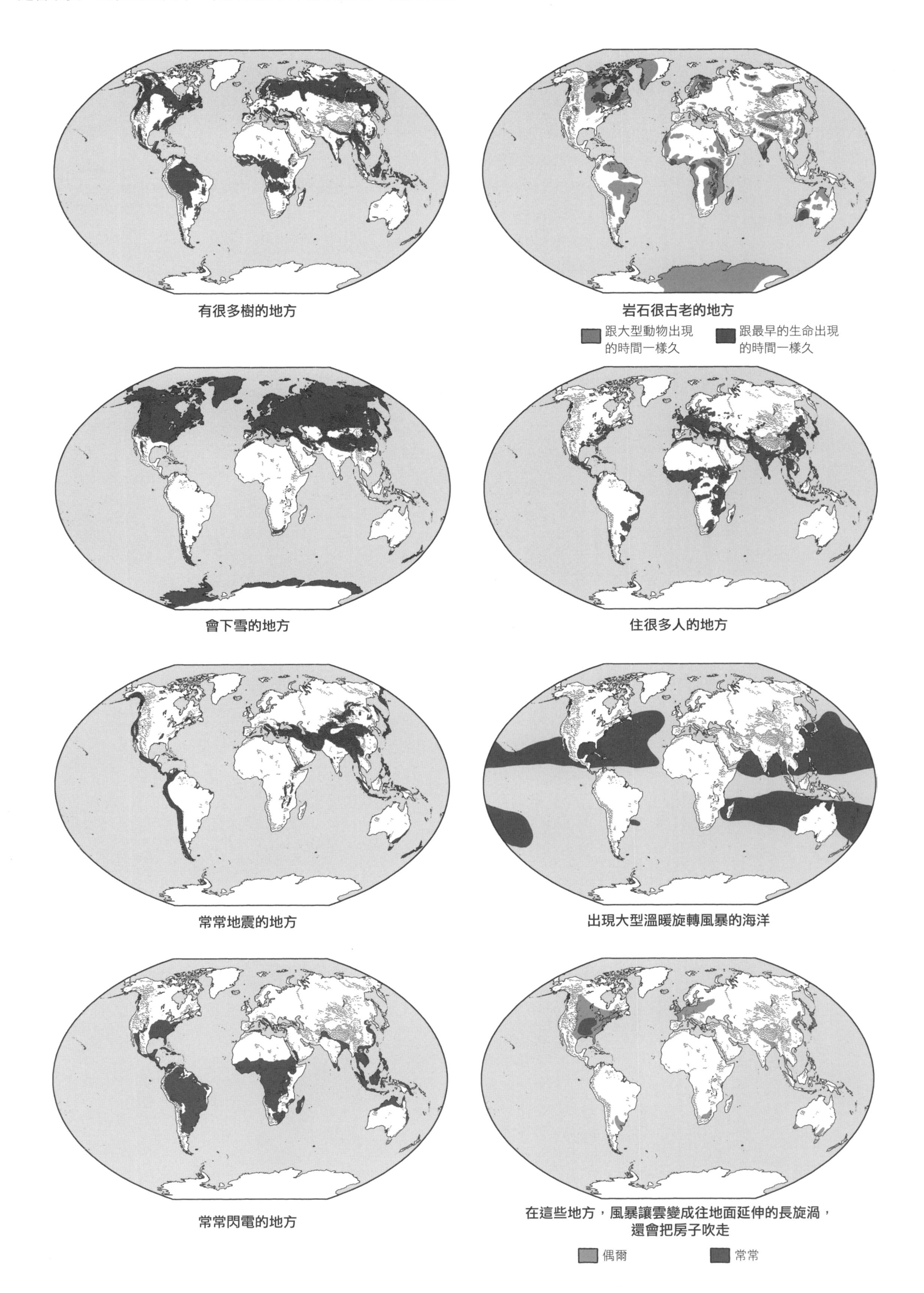
跟大型動物出現的時間一樣久
跟最早的生命出現的時間一樣久
偶爾
常常

有很多樹的地方

岩石很古老的地方

會下雪的地方

住很多人的地方

常常地震的地方

出現大型溫暖旋轉風暴的海洋

常常閃電的地方

在這些地方，風暴讓雲變成往地面延伸的長旋渦，還會把房子吹走

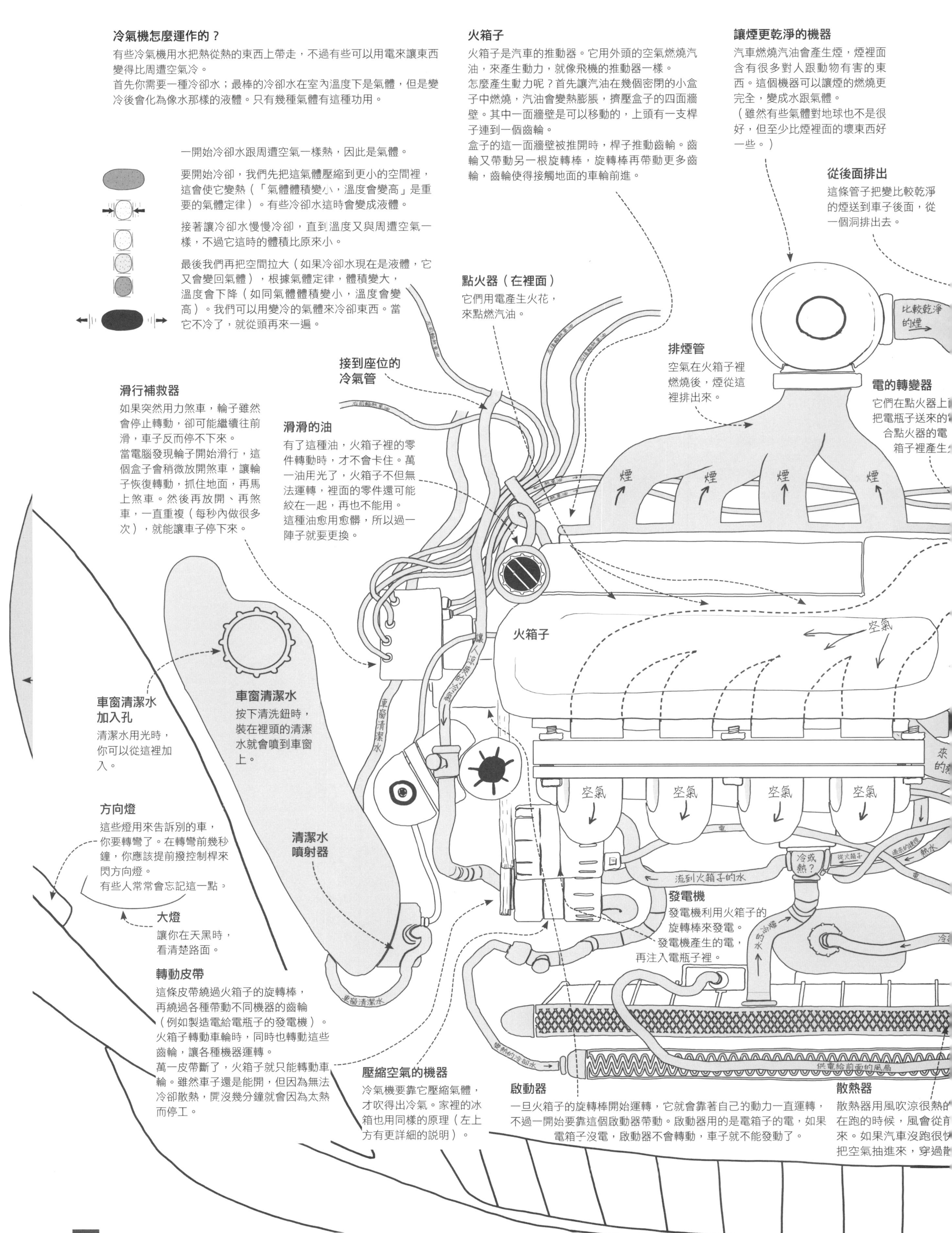

冷氣機怎麼運作的？
有些冷氣機用水把熱從熱的東西上帶走，不過有些可以用電來讓東西變得比周遭空氣冷。
首先你需要一種冷卻水；最棒的冷卻水在室溫度下是氣體，但是變冷後會化為像水那樣的液體。只有幾種氣體有這種功用。
一開始冷卻水跟周遭空氣一樣熱，因此是氣體。
要開始冷卻，我們先把這氣體壓縮到更小的空間裡，這會使它變熱（「氣體體積變小，溫度會變高」是重要的氣體定律）。有些冷卻水這時會變成液體。
接著讓冷卻水慢慢冷卻，直到溫度又與周遭空氣一樣，不過它這時的體積比原來小。
最後我們再把空間拉大（如果冷卻水現在是液體，它又會變回氣體），根據氣體定律，體積變大，溫度會下降（如同氣體體積變小，溫度會變高）。我們可以用變冷的氣體來冷卻東西。當它不冷了，就從頭再來一遍。
火箱子
火箱子是汽車的推動器。它用外頭的空氣燃燒汽油，來產生動力，就像飛機的推動器一樣。
怎麼產生動力呢？首先讓汽油在幾個密閉的小盒子中燃燒，汽油會變熱膨脹，擠壓盒子的四面牆壁。其中一面牆壁是可以移動的，上頭有一支桿子連到一個齒輪。
盒子的這一面牆壁被推開時，桿子推動齒輪。齒輪又帶動另一根旋轉棒，旋轉棒再帶動更多齒輪，齒輪使得接觸地面的車輪前進。
讓煙更乾淨的機器
汽車燃燒汽油會產生煙，煙裡面含有很多對人跟動物有害的東西。這個機器可以讓煙的燃燒更完全，變成水跟氣體。
（雖然有些氣體對地球也不是很好，但至少比煙裡面的壞東西好一些。）
從後面排出
這條管子把變比較乾淨的煙送到車子後面，從一個洞排出去。
比較乾淨的煙
點火器（在裡面）
它們用電產生火花，來點燃汽油。
排煙管
空氣在火箱子裡燃燒後，煙從這裡排出來。
電的轉變器
它們在點火器上
把電瓶子送來的
合點火器的電
箱子裡產生
接到座位的冷氣管
滑行補救器
如果突然用力煞車，輪子雖然會停止轉動，卻可能繼續往前滑，車子反而停不下來。
當電腦發現輪子開始滑行，這個盒子會稍微放開煞車，讓輪子恢復轉動，抓住地面，再馬上煞車。然後再放開、再煞車，一直重複（每秒內做很多次），就能讓車子停下來。
滑滑的油
有了這種油，火箱子裡的零件轉動時，才不會卡住。萬一油用光了，火箱子不但無法運轉，裡面的零件還可能絞在一起，再也不能用。
這種油愈用愈髒，所以過一陣子就要更換。
煙
煙
煙
煙
火箱子
空氣
空氣
空氣
空氣
空氣
車窗清潔水
車窗清潔水加入孔
清潔水用光時，你可以從這裡加入。
車窗清潔水
按下清洗鈕時，裝在裡頭的清潔水就會噴到車窗上。
清潔水噴射器
方向燈
這些燈用來告訴別的車，你要轉彎了。在轉彎前幾秒鐘，你應該提前撥控制桿來閃方向燈。
有些人常常會忘記這一點。
大燈
讓你在天黑時，看清楚路面。
轉動皮帶
這條皮帶繞過火箱子的旋轉棒，再繞過各種帶動不同機器的齒輪（例如製造電給電瓶子的發電機）。火箱子轉動車輪時，同時也轉動這些齒輪，讓各種機器運轉。
萬一皮帶斷了，火箱子就只能轉動車輪。雖然車子還是能開，但因為無法冷卻散熱，撐沒幾分鐘就會因為太熱而停工。
冷或熱？
流到火箱子的水
熱水
從火箱子
水去油箱
發電機
發電機利用火箱子的旋轉棒來發電。
發電機產生的電，再注入電瓶子裡。
車窗清潔水
變熱的冷卻水
供電給前面的風扇
壓縮空氣的機器
冷氣機要靠它壓縮氣體，才吹得出冷氣。家裡的冰箱也用同樣的原理（左上方有更詳細的說明）。
啟動器
一旦火箱子的旋轉棒開始運轉，它就會靠著自己的動力一直運轉，不過一開始要靠這個啟動器帶動。啟動器用的是電箱子的電，如果電箱子沒電，啟動器不會轉動，車子就不能發動了。
散熱器
散熱器用風吹涼很熱的
在跑的時候，風會從前
來。如果汽車沒跑很快
把空氣抽進來，穿過散

汽車前蓋的下面 汽車引擎

汽車前蓋的下面藏了很多東西，其中最大的東西通常是火箱子，就是它轉動車輪，汽車才能前進。不過還有其他很多東西，即使是懂車的人一時也認不出來。底下這些是你打開汽車前蓋，可以看到的一些東西。

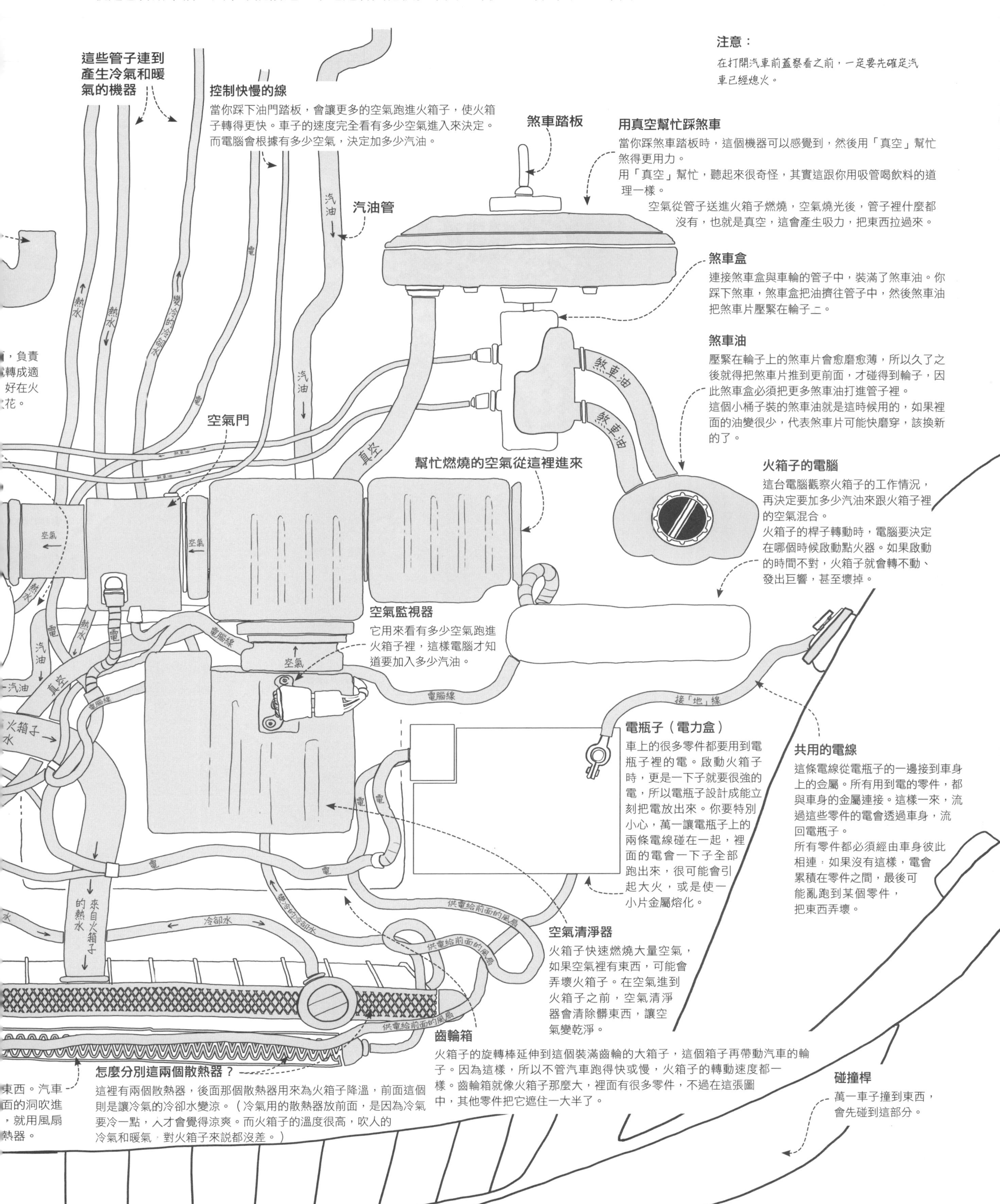

這些管子連到產生冷氣和暖氣的機器
控制快慢的線
當你踩下油門踏板，會讓更多的空氣跑進火箱子，使火箱子轉得更快。車子的速度完全看有多少空氣進入來決定。而電腦會根據有多少空氣，決定加多少汽油。
注意：
在打開汽車前蓋察看之前，一定要先確定汽車已經熄火。
煞車踏板
用真空幫忙踩煞車
當你踩煞車踏板時，這個機器可以感覺到，然後用「真空」幫忙煞得更用力。
用「真空」幫忙，聽起來很奇怪，其實這跟你用吸管喝飲料的道理一樣。
空氣從管子送進火箱子燃燒，空氣燒光後，管子裡什麼都沒有，也就是真空，這會產生吸力，把東西拉過來。
汽油管
煞車盒
連接煞車盒與車輪的管子中，裝滿了煞車油。你踩下煞車，煞車盒把油擠往管子中，然後煞車油把煞車片壓緊在輪子上。
煞車油
壓緊在輪子上的煞車片會愈磨愈薄，所以久了之後就得把煞車片推到更前面，才碰得到輪子，因此煞車盒必須把更多煞車油打進管子裡。
這個小桶子裝的煞車油就是這時候用的，如果裡面的油變很少，代表煞車片可能快磨穿，該換新的了。
空氣門
幫忙燃燒的空氣從這裡進來
火箱子的電腦
這台電腦觀察火箱子的工作情況，再決定要加多少汽油來跟火箱子裡的空氣混合。
火箱子的桿子轉動時，電腦要決定在哪個時候啟動點火器。如果啟動的時間不對，火箱子就會轉不動、發出巨響，甚至壞掉。
空氣監視器
它用來看有多少空氣跑進火箱子裡，這樣電腦才知道要加入多少汽油。
電瓶子（電力盒）
車上的很多零件都要用到電瓶子裡的電。啟動火箱子時，更是一下子就要很強的電，所以電瓶子設計成能立刻把電放出來。你要特別小心，萬一讓電瓶子上的兩條電線碰在一起，裡面的電會一下子全部跑出來，很可能會引起大火，或是使一小片金屬熔化。
共用的電線
這條電線從電瓶子的一邊接到車身上的金屬。所有用到電的零件，都與車身的金屬連接。這樣一來，流過這些零件的電會透過車身，流回電瓶子。
所有零件都必須經由車身彼此相連，如果沒有這樣，電會累積在零件之間，最後可能亂跑到某個零件，把東西弄壞。
空氣清淨器
火箱子快速燃燒大量空氣，如果空氣裡有東西，可能會弄壞火箱子。在空氣進到火箱子之前，空氣清淨器會清除髒東西，讓空氣變乾淨。
齒輪箱
火箱子的旋轉棒延伸到這個裝滿齒輪的大箱子，這個箱子再帶動汽車的輪子。因為這樣，所以不管汽車跑得快或慢，火箱子的轉動速度都一樣。齒輪箱就像火箱子那麼大，裡面有很多零件，不過在這張圖中，其他零件把它遮住一大半了。
怎麼分別這兩個散熱器？
這裡有兩個散熱器，後面那個散熱器用來為火箱子降溫，前面這個則是讓冷氣的冷卻水變涼。（冷氣用的散熱器放前面，是因為冷氣要冷一點，人才會覺得涼爽。而火箱子的溫度很高，吹人的冷氣和暖氣，對火箱子來說都沒差。）
碰撞桿
萬一車子撞到東西，會先碰到這部分。
汽油
熱水
電
真空
空氣
電腦線
接「地」線
冷卻水
供電給前面的風扇
來自火箱子的熱水

的高樓

樓的裡面

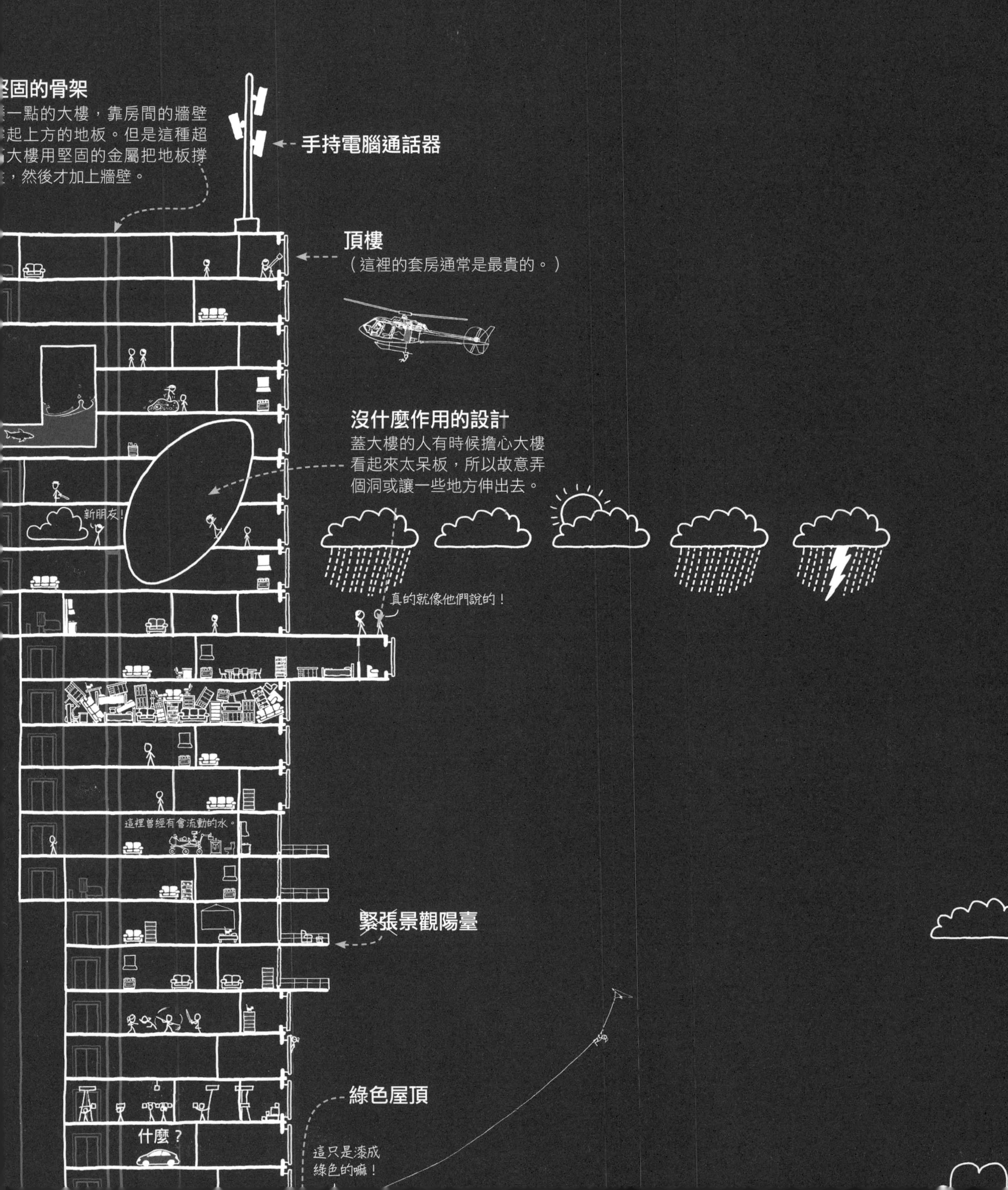

固的骨架
一點的大樓，靠房間的牆壁
起上方的地板。但是這種超
大樓用堅固的金屬把地板撐
，然後才加上牆壁。
手持電腦通話器
頂樓
（這裡的套房通常是最貴的。）
沒什麼作用的設計
蓋大樓的人有時候擔心大樓
看起來太呆板，所以故意弄
個洞或讓一些地方伸出去。
新朋友！
真的就像他們說的！
這裡曾經有會流動的水。
緊張景觀陽臺
綠色屋頂
什麼？
這只是漆成
綠色的嘛！

碰到天空

看看超高大

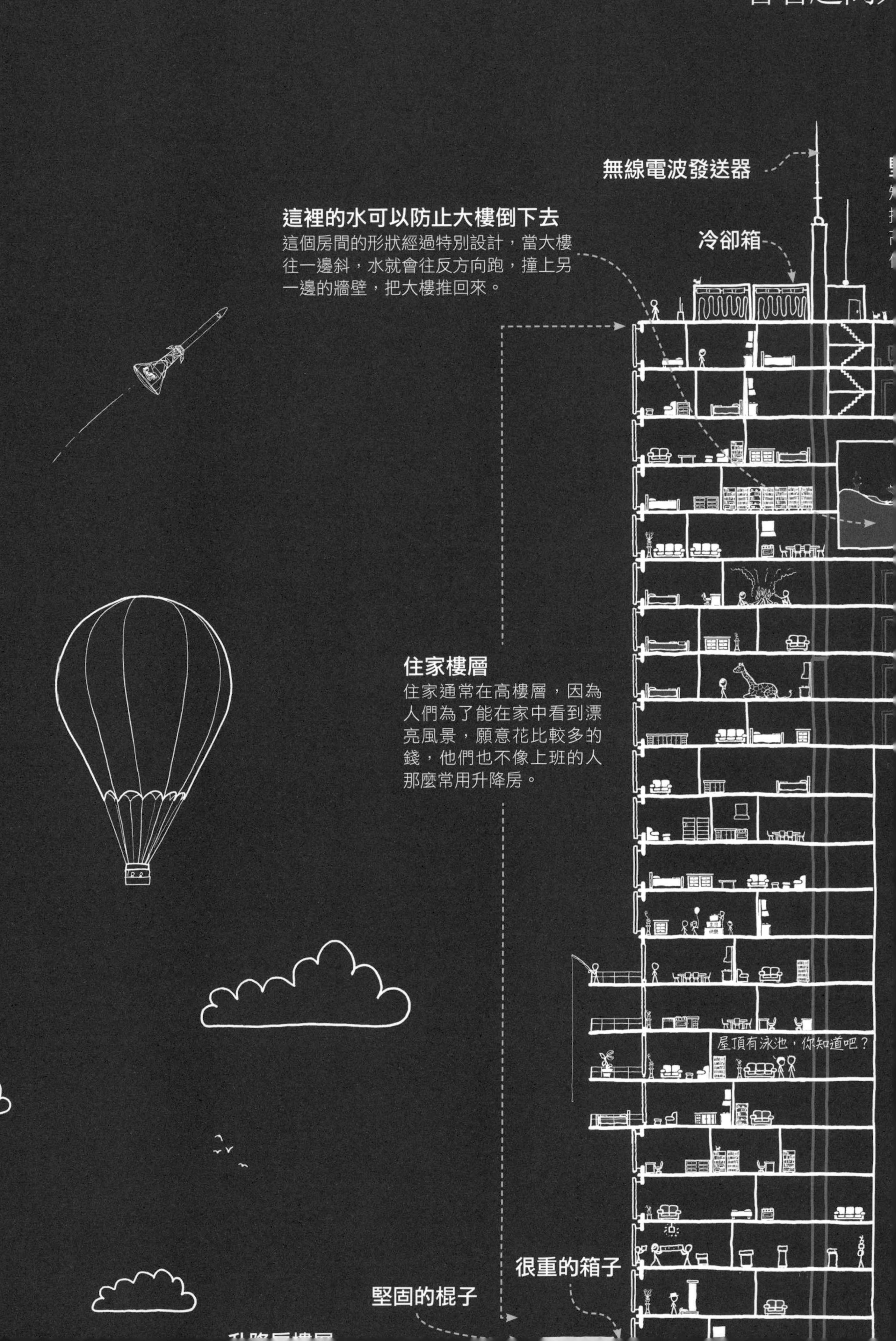

無線電波發送器
這裡的水可以防止大樓倒下去
這個房間的形狀經過特別設計，當大樓往一邊斜，水就會往反方向跑，撞上另一邊的牆壁，把大樓推回來。
冷卻箱
住家樓層
住家通常在高樓層，因為人們為了能在家中看到漂亮風景，願意花比較多的錢，他們也不像上班的人那麼常用升降房。
屋頂有泳池，你知道吧？
很重的箱子
堅固的棍子

有旋轉翅膀的飛機 直升機

一般飛機必須飛得很快，這樣風才會強力撞擊到翅膀，把飛機舉起來。如果飛機飛太慢，會掉下來（不過有時候掉下來的速度很快，反而可以讓飛機再飛起來）。

直升機的飛行原理跟一般飛機一樣，但是它用了一個很酷的點子：與其整架飛機飛很快，何不翅膀自己動很快就好了？飛機的其餘部分要飛多慢都可以，甚至可以停留在半空中。

一般飛機的翅膀如果飛得比機身快，翅膀會脫離，不過直升機的翅膀是用旋轉的，雖然為了讓直升機飛起來，翅膀轉得很快，卻仍然與機身在一起。

旋轉翅膀

這種翅膀跟一般飛機的很像，只不過它們轉圈圈，而不是向前飛。

定向翅膀

這種翅膀讓直升機不會飛得歪歪扭扭（旁邊的旋轉風扇也有幫忙）。

動力旋轉器

直升機跟飛機一樣，都靠燃燒汽油產生動力，但直升機把動力用來轉動撐起翅膀的棒子。雖然直升機和飛機一樣會排出熱氣，但是直升機排出的熱氣並沒有推動機身前進的作用。

旋轉調整器

為了順利飛行，動力旋轉器轉得非常快，但是翅膀不可能跟著轉那麼快。於是旋轉調整器利用齒輪讓翅膀不用轉那麼快。如果沒有這個調整器，翅膀每秒鐘轉動的圈數會跟動力旋轉器一樣，那麼翅膀末端的速度會比聲音還快，翅膀會整個斷裂，無法用了。

機身吊桿

直升機的機身靠這根金屬棒掛在翅膀下方。

翅膀控制器

這台控制器可以改變翅膀旋轉時的角度，使風推動翅膀的方式跟著改變。（這有一點複雜，下面有更詳細的解釋。）

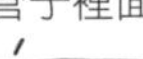

冷空氣跑進來

熱空氣排出去（但是沒有推進作用。）

控制管

管子裡面有油，可以推動翅膀控制器（請看下面的解釋）。

窗子

旋轉桿

這根桿子轉動尾部風扇。

天線

這條線可以接收無線電波。

尾部風扇

旋轉翅膀轉動時，會把直升機推往反方向，要靠尾部的這個風扇反推回來，直升機才不會原地打轉。

底部的窗子

直升機要垂直降落時，可以透過這個窗子看清楚下方。

降落架

有些直升機用降落架，而不是輪子，因為如果直升機降落在草地或泥土地上，輪子容易卡住。

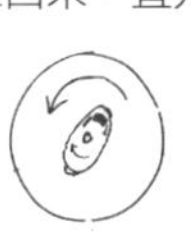

我懂了，地球自轉，所以南半球是往另一邊轉。
你頭殼壞去嗎？

直升機的旋轉翅膀大多往左轉，但有些國家的旋轉翅膀往右轉。

直升機怎麼往前飛？

直升機的翅膀在旋轉時可以改變角度：如果角度是平的，可以切進風裡，如果是斜的，風就能把直升機往上舉。

直升機要往前飛，只要讓前方的翅膀保持平的，讓後方的翅膀傾斜，由風往上推。

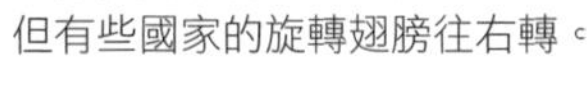

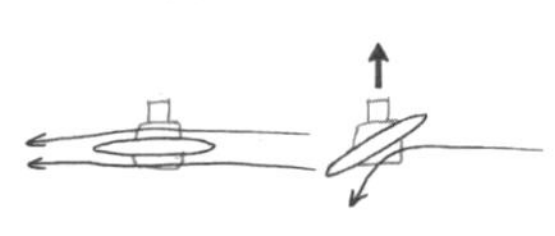

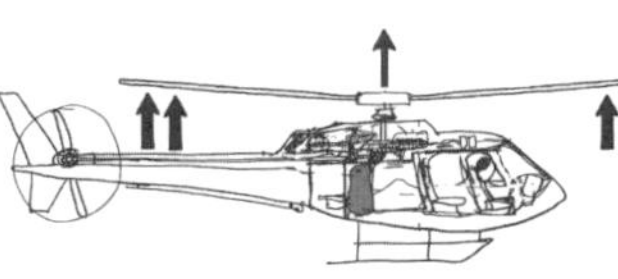

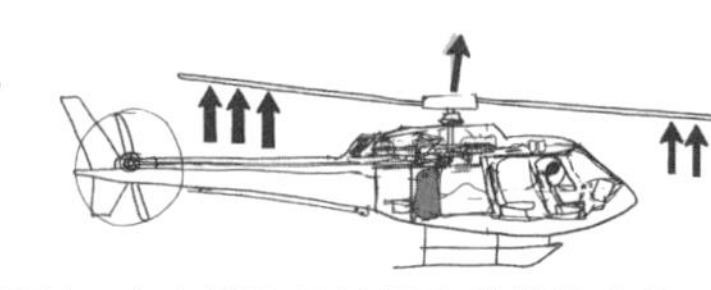

這樣一來，直升機變成向前傾斜。本來翅膀只是把直升機往上拉，但後來直升機有些傾斜，這時候翅膀也會把直升機往前拉。直升機愈往前傾，就往前飛愈快，但如果傾斜角度太大，直升機只會往前，不會向上，問題就大了。

垂下來的翅膀

直升機停放在地面時，有時候翅膀會下垂，看起來好像有問題，其實這很正常！翅膀有點下垂，反而比較好控制，而且開始轉動之後，旋轉的力量就會把翅膀拉直了。

等等，這怎麼做到的？

你可能會覺得奇怪：翅膀旋轉時，一直改變位置，直升機怎麼只控制前方翅膀，而不是後方翅膀的角度？這要感謝很懂機器的人想到好方法，讓翅膀旋轉時，可以不斷改變角度。

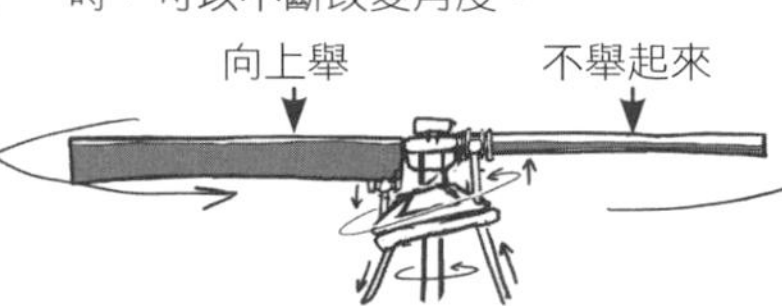

向上舉
不舉起來
圈圈
桿子
旋轉
不會轉

每支翅膀的邊緣都有桿子連到一個圈圈。這個圈圈跟翅膀、桿子一起旋轉，它們的底下還有個不會跟著轉的圈圈。

想要讓直升機往前飛，駕駛員透過控制管扭轉底下那個圈圈，上面的圈圈也跟著一邊高一邊低的旋轉。翅膀轉到較高那一邊時，邊緣被桿子舉高，翅膀變成平的；翅膀轉到低的那一邊時，邊緣被桿子往下拉，翅膀變成斜的，可以獲得風的推力。

萬一直升機壞掉了？

一般飛機突然壞掉時，仍然可以繼續往前飛，減緩往下掉的速度，不會掉得太快。而直升機壞掉時，即使沒有往前飛，也可以像飛機那樣不掉得太快。

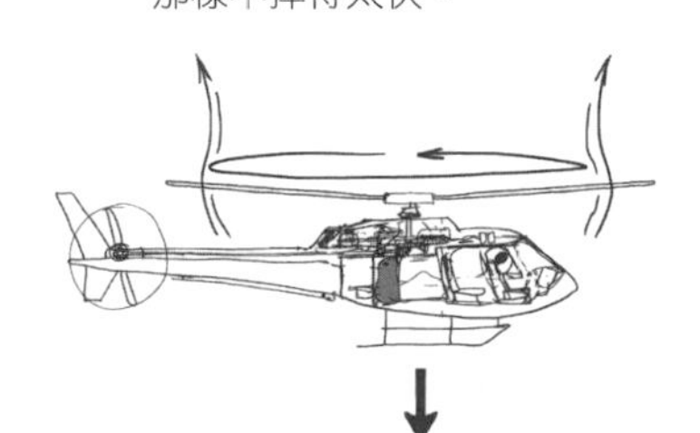

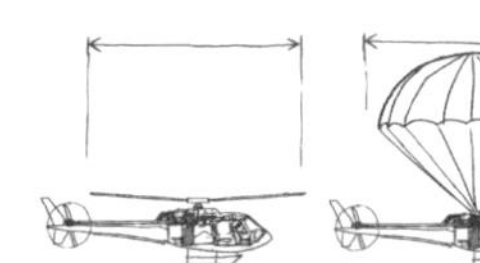

雖然旋轉翅膀很薄，還是可以減慢直升機掉落的速度，跟降落傘一樣。

動力旋轉器停止時，它會放開轉動翅膀的棒子讓翅膀自由轉動。如果轉動的方向正確，通過的風會讓翅膀轉得更快，提供向上的推力，減緩直升機落下的速度。

直升機失去動力，翅膀卻還能轉動，幫忙拉起機身，這似乎很奇怪。但其實有些樹也這麼做，你或許曾看過，只是沒注意到。

樹要把種子撒在地上，才能長出更多小樹。為了分布得更廣，有些樹的種子上面有小翅膀，讓種子掉得慢一些，這樣風可以吹動它們。這種翅膀不大，無法讓種子掉得太慢，但翅膀會不斷旋轉，使種子掉得很慢，風就能把種子吹得很遠。

所以直升機熄火時不用擔心，它仍然可以飛，就像種子的旋轉翅膀那樣，載著你安全降落。

直升機能飛多高？

直升機比一般飛機需要更多空氣來產生推力。一般飛機飛行的高空中，空氣很稀薄，因為那裡比較接近太空。飛機可以輕易飛越最高的山，但是幾乎沒有直升機做得到。

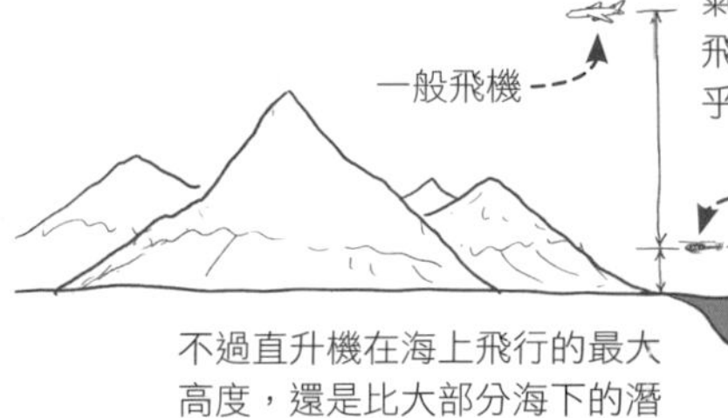

一般飛機
直升機
潛水艇

不過直升機在海上飛行的最大高度，還是比大部分海下的潛水艇所能潛入的深度來得大。

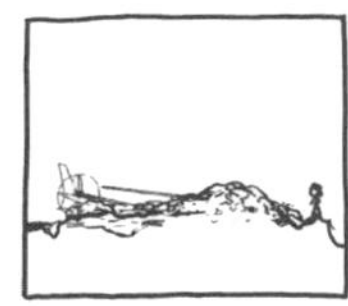

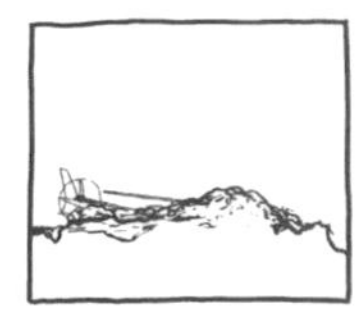

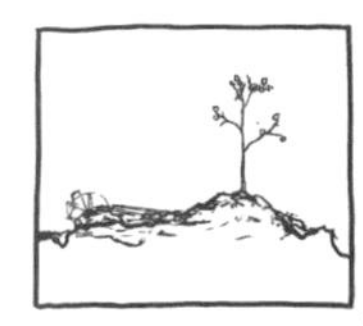

美國的基本法律 美國憲法

有一群來自別國的人，決定脫離原來的國家，建立自己的國家，所以才有了美國。他們寫下一些規定，做為建立這個新國家，以及未來各種法律的基礎。兩百多年來，這些規定只做了一些修正，至今仍然是美國人遵守與學習的規範，而現在也可以用新的方式來理解。

開始之前

唷，我們來自稱為「州」的各個小國，想要共同成立一個新的國家。為了擁有美好穩定的生活，不受到別人欺負，並確保下一代的自由，所以才要建立國家。以下是這個國家的規定：

第一條 ：訂定法律的人

第一點：法律由稱為「立法者」的人訂定。他們分別在代表人民說話的房間和提供意見的房間工作。

第二點：人民每兩年選出一次代表人民說話的立法者，愈大的州，在代表人民說話的房間有愈多立法者。喔，所以國家每隔一陣子要計算人數，才知道代表人民說話的房間要放多少椅子。

以前的美國人曾經從遠方把外國人帶來美國，逼他們工作一輩子，卻不給薪水。這部法律本來有規定：計算人數時，五個被逼來工作的人只能算成三個人。但是在訂下這一條規定之後沒多久，美國內部為了可不可以這樣利用人及擁有人，而打起仗來。最後，贊成的那一方打輸，於是就刪除這種計算人的方式。

第三點：每個州可以派兩位立法者到提供意見的房間，一次待六年。這些人不能太年輕。

第四點：各州自己訂定選出立法者的辦法與地點。規定全國的立法者應該怎麼開會。

第五點：立法者聚在一起開會時講的話，應該要記錄下來。

第六點：立法者有薪水可以領。他們不會因為開會時講的話而受到處罰。但是他們當立法者時，不能再接國家的其他工作。

第七點：如果立法者想要訂定新的法律，必須兩個房間都有超過一半的人贊成，然後再送交領導者正式訂為法律。如果領導者不同意這個想法，就需要有更多立法者贊成，才可以成為法律。

第八點：立法者可以規定人民要繳錢給國家，但不能針對某個人，標準要一樣。這些錢只能用在特定用途，例如設立郵筒、建造軍艦等。立法者可以訂立一些規定，處罰例如海盜（即使他們是在很遠的地方搶劫船隻）或製造假錢騙人的人。

第八點後的那一點：規定立法者不能做哪些事。例如立法者不能因為有人以前做的某些事，後來才訂定法律把他關起來。立法者也不能給某些人特別的稱號，讓那些人顯得比別人尊貴。

這款規定原來也有一部分是跟販賣人口有關，直到那場戰爭之後才廢除。

第十點：規定哪些事情只有國家可以做，州不能做，例如製造錢幣或發動戰爭。州也不可以跟別的州收錢，或擁有軍艦。

第二條：領導者

第一點：人民每四年選出一位領導者，成為國家的頭頭，另外還有一位副領導者，但這個人並不是頭頭。如果領導者不在了，或被趕下來，由副領導者接手領導者的工作。由州來選出領導者，方法是看一個州有多少立法者，那個州就有多少票。

你或許注意到了，這裡沒有說清楚，副領導者是不是就變成領導者。這後來引起爭議。

這個選領導者的方式無論怎麼修改，可能都不會完美。

第二點：領導者可以管理為國家打仗的人，也可以跟其他國家的領導者談事情。如果有人要受罰，領導者可以讓那人免罰。

第三點：領導者應該時常讓立法者知道事情進行得怎樣，並提供意見給立法者。

第四點：如果領導者做了很壞的事情，立法者可以把領導者趕下來，例如領導者幫忙別的國家打自己的國家，或是偷了國家的錢，然後想逃到國外。

第三條：法官

第一點：有一群「最高法官」幫忙決定某些行為有沒有違反法律。國家另外可以成立其他組的法官，但是他們的地位比最高法官低。

第二點：最高法官只處理幾種法律案件，例如別國領導者派來這裡的人，跟人有了法律糾紛，或者是有人要告某個州。除此之外，只有當某些特殊案件中的人，不接受法官的決定時，最高法官才能插手。

第三點：「背叛國家」只能指下面這幾種明確的行為：攻擊自己的國家、加入敵人的團體，或幫助敵人攻打美國人。要證明某人背叛國家，必須有兩個人說他們親眼看到，或是那個人自己在法庭承認。立法者可以決定背叛國家是犯法的，但是不能想怎麼處罰，就怎麼處罰（有些國家就會這樣）。

第四條：州

第一點：既然有那麼多州，各州應該彼此合作。一個州的法官不一定要跟別州做出一樣的決定，但是不可以推翻別州已經做的決定。也就是說，如果有人在某一州犯了罪，那個人不能跑到另一州，去找別的法官宣布自己無罪。

第二點：不論哪一州的人，都有相同的權利。但是如果你在某一州做壞事，逃到別州，別州必須把你送回原來那州。

第三點：可以有更多新的州加入這個國家。國家如果有需要，也可以像一般人那樣，擁有州裡面的土地。

第四點：國家答應，每一州都由自己的居民管理，但是如果有人攻擊州，或者州需要國家幫忙，國家一定會來協助。

第五條：修改

這些基本法律可以修改，但要大多數的立法者以及州都同意才行——超過一半還不夠，要比一半還要多更多。如果不想透過立法者修改，也可以召開大型會議，讓每一州的代表來討論，要改成什麼樣。

美國到現在都還沒有舉行過修改規定的大型會議，就算真的舉行了，也沒有人知道要怎麼進行。

第六條：大家注意！

基本法律非常重要，每個人都必須遵守；還有，國家與別國約定好的事，一樣非常重要。其他法律雖然也很重要，但是不像基本法律那樣重要。替國家工作的人，要發誓對國家忠心（但他們信什麼神，都沒關係）。

第七條：什麼時候正式開始？

只要有九個州加入，這個國家就正式成立了。

十條修改：

這些修改一開始就有了。因為有一些人堅持，如果沒有這些修改，他們不要加入。

修改一：國家不可以制定關於上帝的法律；也不可以禁止人民說什麼、寫什麼，或是跟誰聚在一起。如果人民要向領導者表達他們對某事很生氣，只要沒攻擊別人，國家不能禁止他們。

修改二：一般人民有槍，只要訓練良好，是可以保衛家園的，所以不能禁止人民擁有槍。

這一條的寫法多年來一直令人覺得相當困惑，更糟糕的是，各州的立法者通過的法律相差很大，因為大家對這一條的解釋都不一樣。

修改三：雖然有些人為國家打仗，但你還是可以不讓他們住進你的房子。

修改四：警察如果沒有好理由與法官發的許可證，不可以搜你的東西。

修改五：警察不可以隨意對付你，他們必須先讓你清楚知道犯了什麼錯。他們也不可以逼你承認犯罪。

修改六：如果有人說你犯罪，你可以在法庭上，在一群普通人面前，為自己辯護；如果你想的話，可以找懂法律的人幫忙。你還可以跟說你做壞事的人，面對面講清楚。

修改七：就算你沒有犯罪，你也可以在一群普通人面前爭辯對錯。

修改八：警察不可以隨便整人，即使對壞人也一樣。

修改八後的那一個修改：這裡沒提到的事，人民也能做。

修改十：國家只能做基本法律規定的事情，其他的事交由州來做。

後來美國人把州能做與不能做的事寫得更清楚一點。

更多修改：

這些修改是接下來的兩百多年期間加上去的。

修改：人民只能告自己的州，不能告別的州。

修改：修改選出領導者、副領導者的辦法。

修改：為了可不可以買賣人口、強迫他們工作，有幾州才跟另外幾州打仗。結果反對的那一方贏了。所以不准再買賣人口，或強迫別人工作。

修改：既然前面那場戰爭已經打完，州能做什麼、不能做什麼的規定，也做了修改。

修改：不管什麼膚色，人民都能夠投票選出領導者，或者決定國家要做的事。

修改：國家可以從你的收入中拿走一些錢，用來做對大家有益的事。

修改：提供意見的立法者改成由人民直接選出來，而不是由州指派。

修改：全國都不准有酒。

修改：不論男女，人民都能參與投票，選出領導者，或者決定國家要做的事。

修改：我們把新領導者和副領導者上班的時間提前了幾天，因為現在有汽車了，交通方便，他們可以早幾個月接手。

因為以前選出新領導者後，舊領導者卻還要繼續工作好幾個月。這實在很奇怪，所以才做這個修改。

修改：取消不准有酒的規定。

修改：一個人不能一直當領導者。

修改：在領導者和立法者上班的城鎮居住的人，能投票選出領導者，或者決定國家要做的事，就像住在一個州一樣。

修改：不准規定人民要交錢才能投票。

修改：把領導者死掉或不在時該怎麼辦，再規定得清楚一點。

雖然已經修改過三四次，但還是沒辦法完全規定得清清楚楚。

修改：把可以投票的年紀再降低。

修改：如果立法者決定調整他們的薪水，必須等下次選舉以後，才能領新的薪水。

有些州曾經提出過，但沒有引起注意。後來大家想起來，也同意通過。修改薪水其實沒什麼大不了，但有這一條規定也不錯，那就改吧！

美國基本法律號 美國憲法號護衛艦

有人叫這艘船「老鐵殼」，因為它側邊的船殼曾遭砲彈擊中，卻沒怎麼樣。在這本書出版前的兩百多年，美國建造這艘船來打仗，雖然它很舊了，但現在仍然是這個國家的武力之一。也就是說，如果敵人用船攻打美國，然後美國領導者說：「派出我們所有的船去跟他們打！」這艘船就要一起去。

哈哈，這當然不可能，因為這艘船已經超過兩百歲，打不過人家了。但它還是有用處的，國家保留這艘船讓人參觀，這樣大家可以一方面了解過去的歷史，一方面學到這種古船怎麼運作。

注意：船隻有各種不同的名稱。像我們這樣把它叫做「船」，懂船的專家聽到，可能會很生氣。

這艘船剛造好時，城內到處貼著這樣的布告，上面寫著：

有人要保衛國家嗎？領導者要我們上這艘船，船上有許多槍砲，我們趕快到海上巡航。

我們在前街的老鷹標誌附近有報名處，大約需要兩百人來保衛國家一年。月薪十元（厲害的人可以領更多），如果有需要，可以預先付兩個月薪水。我們不收生病的人。

這是鄉親的大好機會，可以擊退敵人、保衛國家，快來前面說的地點，我們會好好接待你。

船長簽名

另外，軍方也會在那裡找士兵與樂手，只限高個子。

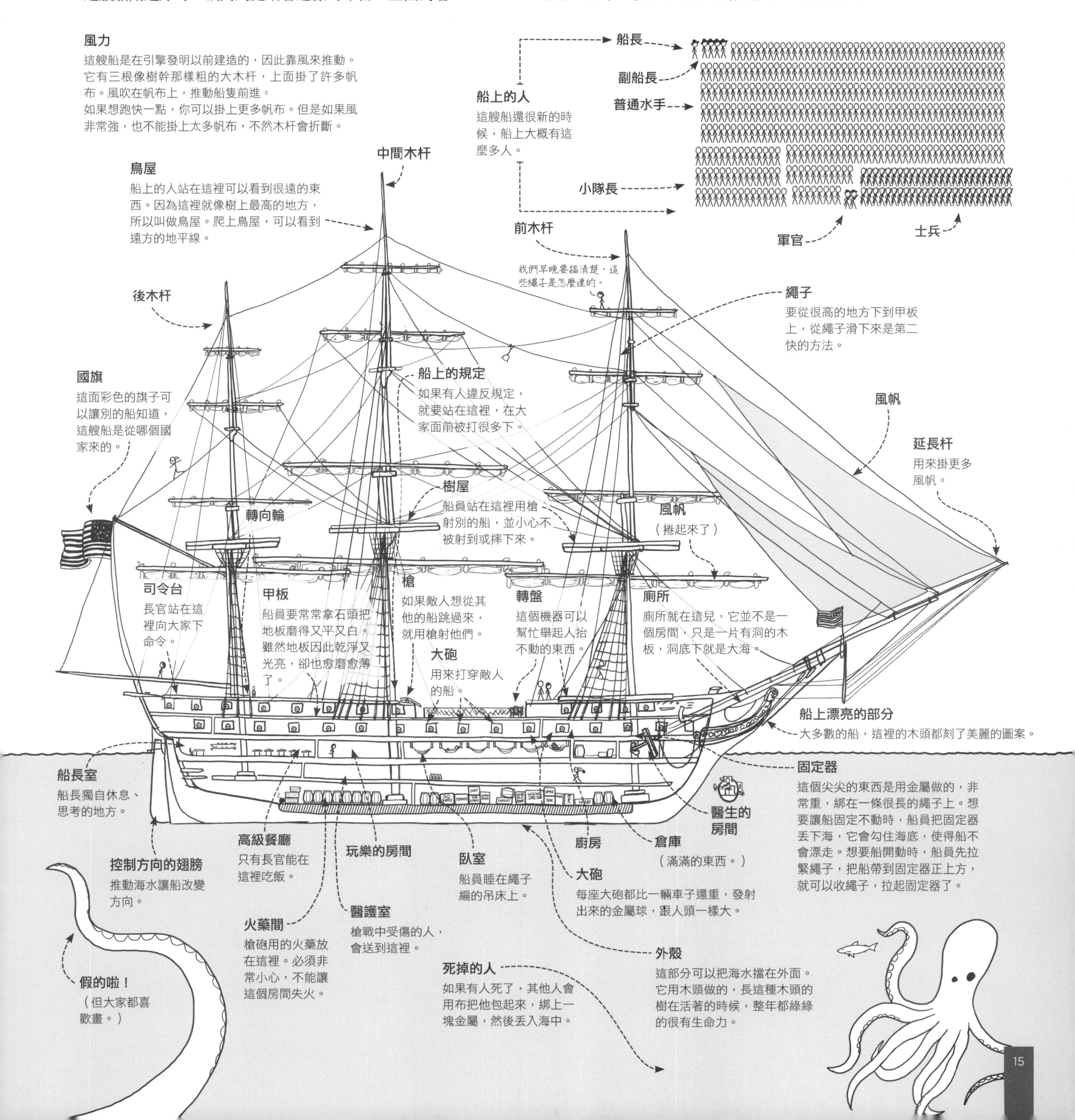

風力
這艘船是在引擎發明以前建造的，因此靠風來推動。它有三根像樹幹那樣粗的大木杆，上面掛了許多帆布。風吹在帆布上，推動船隻前進。
如果想跑快一點，你可以掛上更多帆布。但是如果風非常強，也不能掛上太多帆布，不然木杆會折斷。
船上的人
這艘船還很新的時候，船上大概有這麼多人。
船長
副船長
普通水手
小隊長
軍官
士兵
中間木杆
鳥屋
船上的人站在這裡可以看到很遠的東西。因為這裡就像樹上最高的地方，所以叫做鳥屋。爬上鳥屋，可以看到遠方的地平線。
前木杆
我們早晚要搞清楚，這些繩子是怎麼運的。
後木杆
繩子
要從很高的地方下到甲板上，從繩子滑下來是第二快的方法。
國旗
這面彩色的旗子可以讓別的船知道，這艘船是從哪個國家來的。
船上的規定
如果有人違反規定，就要站在這裡，在大家面前被打很多下。
風帆
延長杆
用來掛更多風帆。
樹屋
船員站在這裡用槍射別的船，並小心不被射到或摔下來。
轉向輪
風帆
（捲起來了）
司令台
長官站在這裡向大家下命令。
甲板
船員要常常拿石頭把地板磨得又平又白。雖然地板因此乾淨又光亮，卻也愈磨愈薄了。
槍
如果敵人想從其他的船跳過來，就用槍射他們。
轉盤
這個機器可以幫忙舉起人抬不動的東西。
廁所
廁所就在這兒，它並不是一個房間，只是一片有洞的木板，洞底下就是大海。
大砲
用來打穿敵人的船。
船上漂亮的部分
大多數的船，這裡的木頭都刻了美麗的圖案。
船長室
船長獨自休息、思考的地方。
固定器
這個尖尖的東西是用金屬做的，非常重，綁在一條很長的繩子上。想要讓船固定不動時，船員把固定器丟下海，它會勾住海底，使得船不會漂走。想要船開動時，船員先拉緊繩子，把船帶到固定器正上方，就可以收繩子，拉起固定器了。
醫生的房間
高級餐廳
只有長官能在這裡吃飯。
玩樂的房間
臥室
船員睡在繩子編的吊床上。
廚房
倉庫
（滿滿的東西。）
控制方向的翅膀
推動海水讓船改變方向。
大砲
每座大砲都比一輛車子還重，發射出來的金屬球，跟人頭一樣大。
醫護室
槍戰中受傷的人，會送到這裡。
火藥間
槍砲用的火藥放在這裡。必須非常小心，不能讓這個房間失火。
外殼
這部分可以把海水擋在外面。它用木頭做的，長這種木頭的樹在活著的時候，整年都綠綠的很有生命力。
死掉的人
如果有人死了，其他人會用布把他包起來，綁上一塊金屬，然後丟入海中。
假的啦！
（但大家都喜歡畫。）

加熱食物的無線電箱子 微波爐

這種箱子用一種無線電波加熱食物。無線電波讓東西裡面很小很小的水滴搖動，愈搖愈快。當東西裡的很多小水滴都搖得很快，東西就變熱了。如果讓很強的無線電波穿過水，水會變熱。

有了加熱食物的無線電箱子，你就可以買冷凍食品，在冰箱冰很久，要吃的時候，再用箱子加熱，把冰熔化。這對沒有時間煮飯的人很方便。你也可以用無線電箱子加熱新鮮的食物（例如魚）做成各種菜，就跟用廚房其他加熱工具做菜一樣。不過用這種箱子做菜沒那麼簡單，尤其是煮肉時要小心一點。

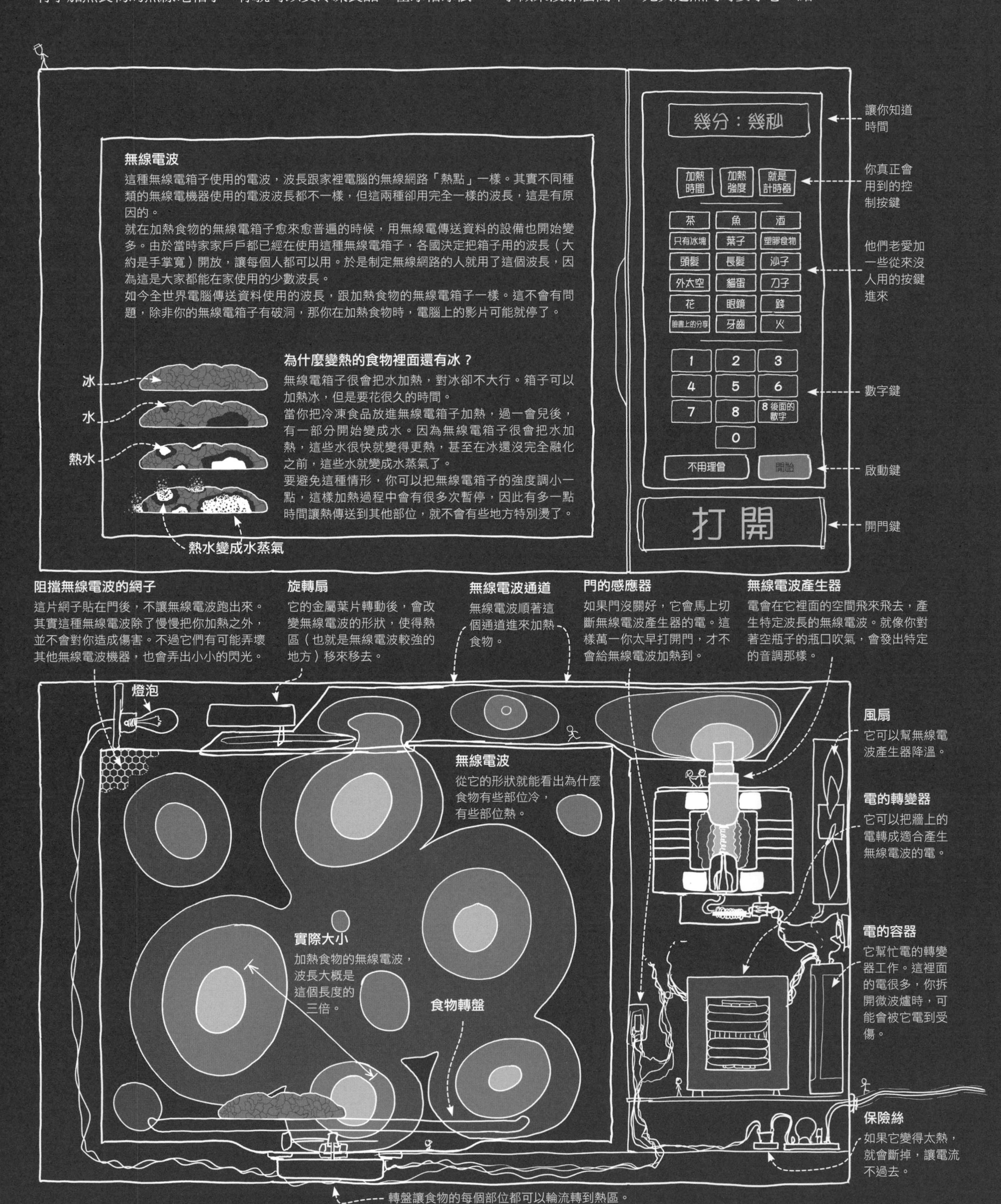

無線電波
這種無線電箱子使用的電波，波長跟家裡電腦的無線網路「熱點」一樣。其實不同種類的無線電機器使用的電波波長都不一樣，但這兩種卻用完全一樣的波長，這是有原因的。
就在加熱食物的無線電箱子愈來愈普遍的時候，用無線電傳送資料的設備也開始變多。由於當時家家戶戶都已經在使用這種無線電箱子，各國決定把箱子用的波長（大約是手掌寬）開放，讓每個人都可以用。於是制定無線網路的人就用了這個波長，因為這是大家都能在家使用的少數波長。
如今全世界電腦傳送資料使用的波長，跟加熱食物的無線電箱子一樣。這不會有問題，除非你的無線電箱子有破洞，那你在加熱食物時，電腦上的影片可能就停了。
為什麼變熱的食物裡面還有冰？
無線電箱子很會把水加熱，對冰卻不大行。箱子可以加熱冰，但是要花很久的時間。
當你把冷凍食品放進無線電箱子加熱，過一會兒後，有一部分開始變成水。因為無線電箱子很會把水加熱，這些水很快就變得更熱，甚至在冰還沒完全融化之前，這些水就變成水蒸氣了。
要避免這種情形，你可以把無線電箱子的強度調小一點，這樣加熱過程中會有很多次暫停，因此有多一點時間讓熱傳送到其他部位，就不會有些地方特別燙了。
冰
水
熱水
熱水變成水蒸氣
幾分：幾秒
讓你知道時間
加熱時間
加熱強度
就是計時器
你真正會用到的控制按鍵
茶
魚
酒
只有冰塊
葉子
塑膠食物
頭髮
長髮
沙子
外太空
貓蛋
刀子
花
眼鏡
錢
臉書上的分享
牙齒
火
他們老愛加一些從來沒人用的按鍵進來
1
2
3
4
5
6
7
8
8 後面的數字
0
數字鍵
不用理會
開始
啟動鍵
打開
開門鍵
阻擋無線電波的網子
這片網子貼在門後，不讓無線電波跑出來。其實這種無線電波除了慢慢把你加熱之外，並不會對你造成傷害。不過它們有可能弄壞其他無線電波機器，也會弄出小小的閃光。
旋轉扇
它的金屬葉片轉動後，會改變無線電波的形狀，使得熱區（也就是無線電波較強的地方）移來移去。
無線電波通道
無線電波順著這個通道進來加熱食物。
門的感應器
如果門沒關好，它會馬上切斷無線電波產生器的電。這樣萬一你太早打開門，才不會給無線電波加熱到。
無線電波產生器
電會在它裡面的空間飛來飛去，產生特定波長的無線電波。就像你對著空瓶子的瓶口吹氣，會發出特定的音調那樣。
燈泡
無線電波
從它的形狀就能看出為什麼食物有些部位冷，有些部位熱。
實際大小
加熱食物的無線電波，波長大概是這個長度的三倍。
食物轉盤
風扇
它可以幫無線電波產生器降溫。
電的轉變器
它可以把牆上的電轉成適合產生無線電波的電。
電的容器
它幫忙電的轉變器工作。這裡面的電很多，你拆開微波爐時，可能會被它電到受傷。
保險絲
如果它變得太熱，就會斷掉，讓電流不過去。
轉盤讓食物的每個部位都可以輪流轉到熱區。

形狀確認器 鎖

鎖這類機器會確認你有沒有特定形狀的小鐵片（也就是鑰匙），如果有的話，你就可以打開鎖，放出被鎖上的東西。人們常把盒子、門或車子加上鎖，來管制誰可以打開或使用這些東西。

有意思的地方並不是機器本身，儘管鎖有成千上萬種，各運用不同的原理，但是它們都有一個共同點：把人分成不同組。只要檢查某個人有沒有正確的鑰匙，鎖就能辨別這個人是不是他自稱的那個人。限定哪些人有資格做什麼事，這個想法靠金屬實現了。

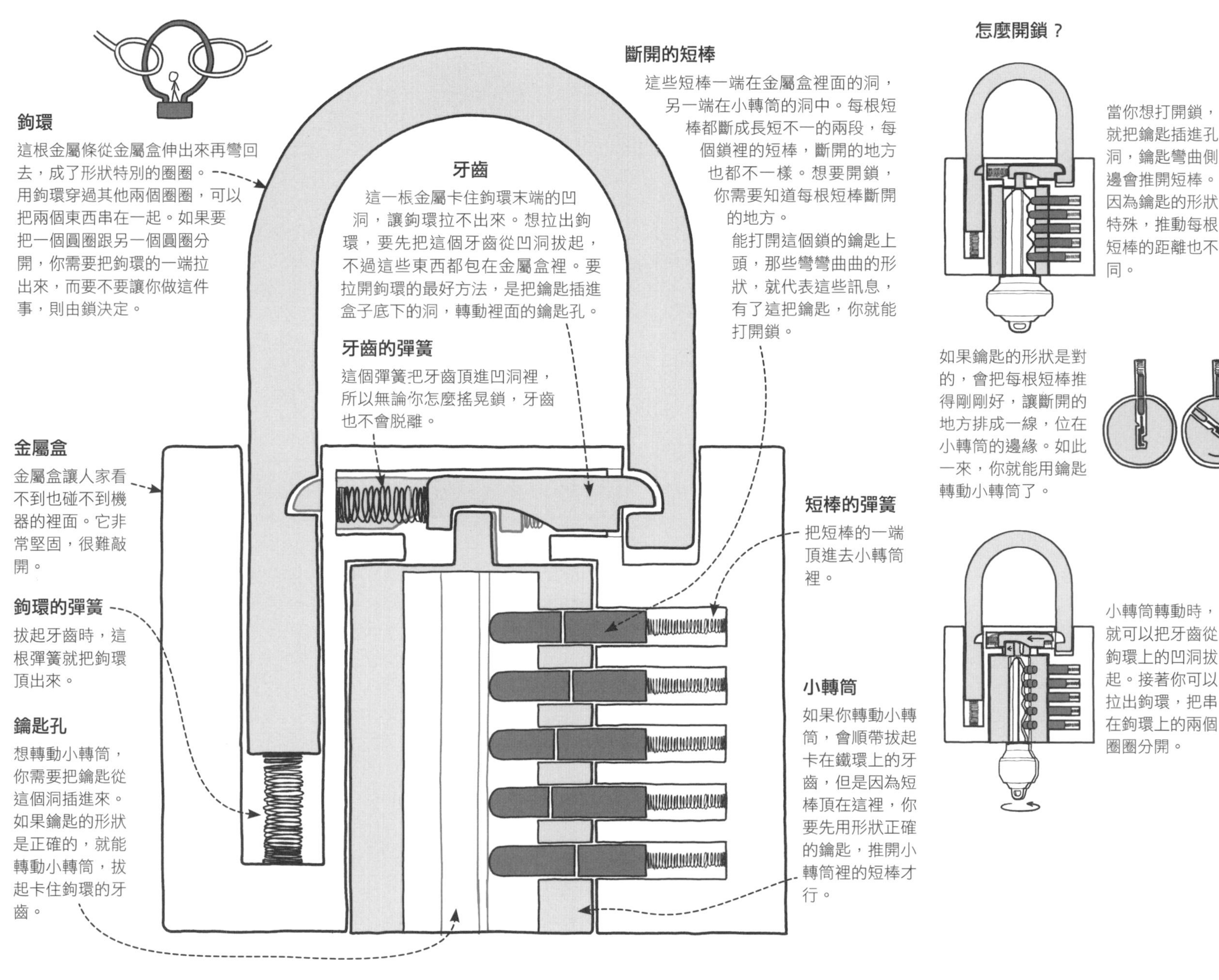

鉤環
這根金屬條從金屬盒伸出來再彎回去，成了形狀特別的圈圈。用鉤環穿過其他兩個圈圈，可以把兩個東西串在一起。如果要把一個圓圈跟另一個圓圈分開，你需要把鉤環的一端拉出來，而要不要讓你做這件事，則由鎖決定。
牙齒
這一根金屬卡住鉤環末端的凹洞，讓鉤環拉不出來。想拉出鉤環，要先把這個牙齒從凹洞拔起，不過這些東西都包在金屬盒裡。要拉開鉤環的最好方法，是把鑰匙插進盒子底下的洞，轉動裡面的鑰匙孔。
牙齒的彈簧
這個彈簧把牙齒頂進凹洞裡，所以無論你怎麼搖晃鎖，牙齒也不會脫離。
斷開的短棒
這些短棒一端在金屬盒裡面的洞，另一端在小轉筒的洞中。每根短棒都斷成長短不一的兩段，每個鎖裡的短棒，斷開的地方也都不一樣。想要開鎖，你需要知道每根短棒斷開的地方。
能打開這個鎖的鑰匙上頭，那些彎彎曲曲的形狀，就代表這些訊息，有了這把鑰匙，你就能打開鎖。
金屬盒
金屬盒讓人家看不到也碰不到機器的裡面。它非常堅固，很難敲開。
鉤環的彈簧
拔起牙齒時，這根彈簧就把鉤環頂出來。
鑰匙孔
想轉動小轉筒，你需要把鑰匙從這個洞插進來。如果鑰匙的形狀是正確的，就能轉動小轉筒，拔起卡住鉤環的牙齒。
短棒的彈簧
把短棒的一端頂進去小轉筒裡。
小轉筒
如果你轉動小轉筒，會順帶拔起卡在鐵環上的牙齒，但是因為短棒頂在這裡，你要先用形狀正確的鑰匙，推開小轉筒裡的短棒才行。
怎麼開鎖？
當你想打開鎖，就把鑰匙插進孔洞，鑰匙彎曲側邊會推開短棒。因為鑰匙的形狀特殊，推動每根短棒的距離也不同。
如果鑰匙的形狀是對的，會把每根短棒推得剛剛好，讓斷開的地方排成一線，位在小轉筒的邊緣。如此一來，你就能用鑰匙轉動小轉筒了。
小轉筒轉動時，就可以把牙齒從鉤環上的凹洞拔起。接著你可以拉出鉤環，把串在鉤環上的兩個圈圈分開。

別種確認器

還有其他很多種鎖，可以檢查某個人是不是有某種東西（像是鑰匙或是特別的資料），如果他們有的話，才能打開。

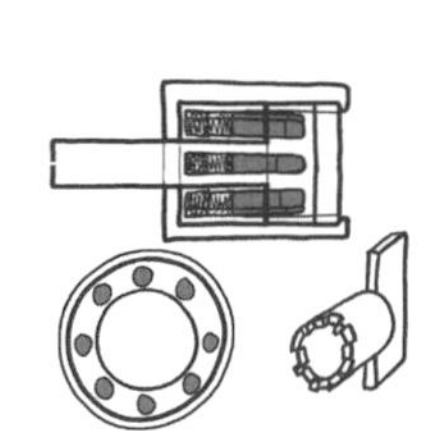

別種形狀的確認器

有些鎖需要不同形狀的鑰匙，像這種鑰匙是圓形的，但它開鎖的原理還是跟上面的一樣。

號碼確認器

號碼鎖不是檢查鑰匙的形狀，而是檢查號碼。如果你知道正確號碼，就能打開。

號碼鎖裡面通常有好幾個金屬轉盤，當轉盤對齊了，就可以打開鉤環。不過你要先知道轉盤的排列方式。

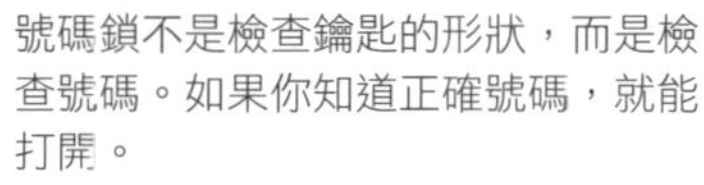

很多這種鎖都有個問題：當你轉動轉盤，如果仔細感覺或用聽的，有時能發現怎麼讓轉盤對齊。

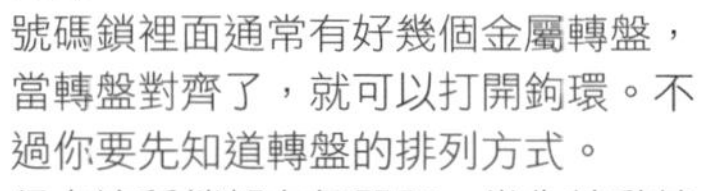

就算你不會這招，還有個方法：試遍所有的號碼。如果你有耐心的話，大部分簡單的號碼鎖在幾個小時內就能打開。

騙過確認器

就算沒有鑰匙，你也可以用簡單的工具開鎖喔！下面是一種方法：

先拿一個鐵片插進鑰匙孔，然後很小心的慢慢轉。同時，再把另一根鐵絲伸進來，用鐵絲末端把斷開的短棒一根根推上去。這時候另一隻手用鐵片稍微轉動小轉筒，讓小轉筒的邊緣卡住短棒斷開的地方。

接著再繼續轉，短棒會由小轉筒頂住。這樣一根一根的弄完所有短棒後，就沒有東西能阻擋小轉筒，於是你可以轉動小轉筒，拔出牙齒。

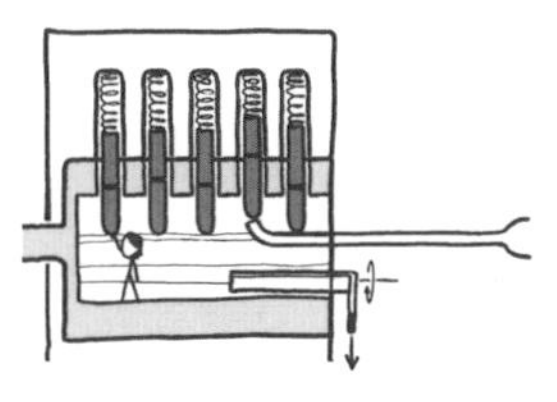

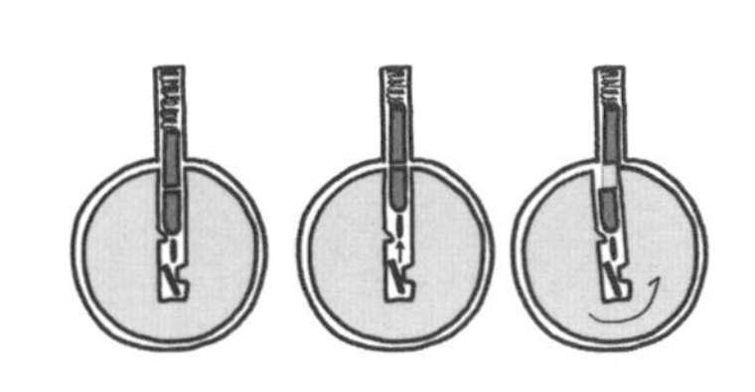

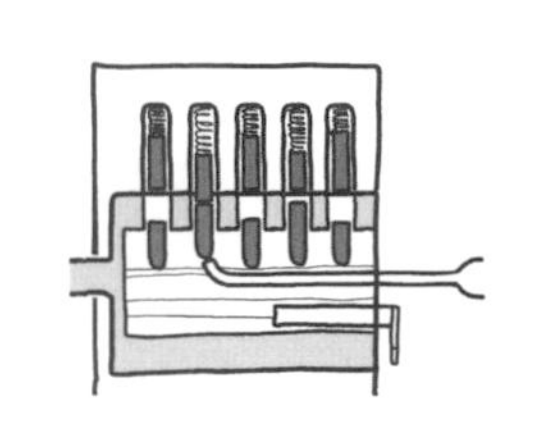

不過要注意，身上帶著上面這種開鎖工具，在有些地方是違法的，即使你根本沒用來打開任何東西也一樣。

這條法律好像有點奇怪，因為開鎖本身又沒什麼不對。很多人用這種工具開鎖，只是想要了解鎖的原理。

不過，正是這個原因，讓人們擔心帶著開鎖工具會出問題。因為鎖不只是機器。上鎖的目的，是告訴別人這個東西不該碰。開鎖工具傳達出的信息是，你完全不管別人怎麼想。

所以說，就算你只想用開鎖工具來研究鎖，他們還是會不放心，這是可以理解的。

當然啦，如果你非要打開某個鎖，還有其他更直接、簡單的方法。

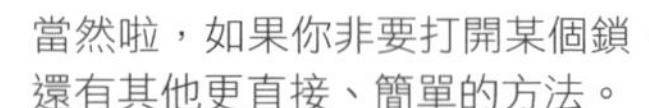

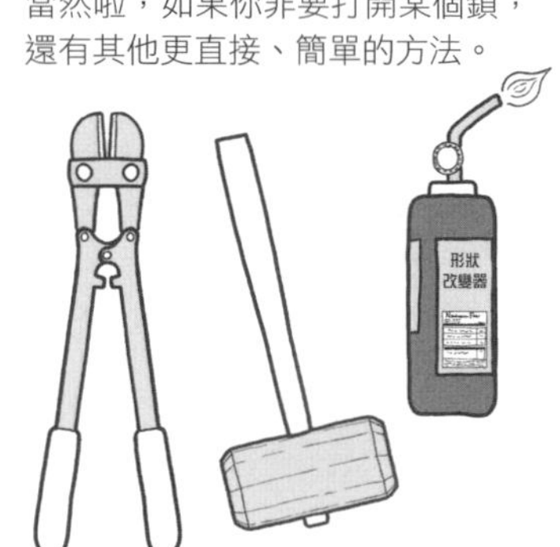

形狀改變器

升降房 電梯

升降房這種小房間，載著人在建築物裡上上下下。

沒有這種升降房，就稱不上是現代城市。如果我們的大廈沒有它，每個人會只想待在自己的那層樓，因為爬上爬下比往旁邊走費力。如此一來，大樓與大樓可能要連接在一起，然後人們大都只在這些大樓的同一層樓來來去去。

大部分升降房直上直下，但有些卻是在升降的同時，也往旁邊移動，例如把人載到山頂的纜車。還有一種升降房只會往兩旁移動，那就是火車的車廂。

升降房很安全，幾乎不可能掉下去。有很多零件幫忙拉住它，這些零件設計成一有問題就停住升降房，不讓它往下掉。

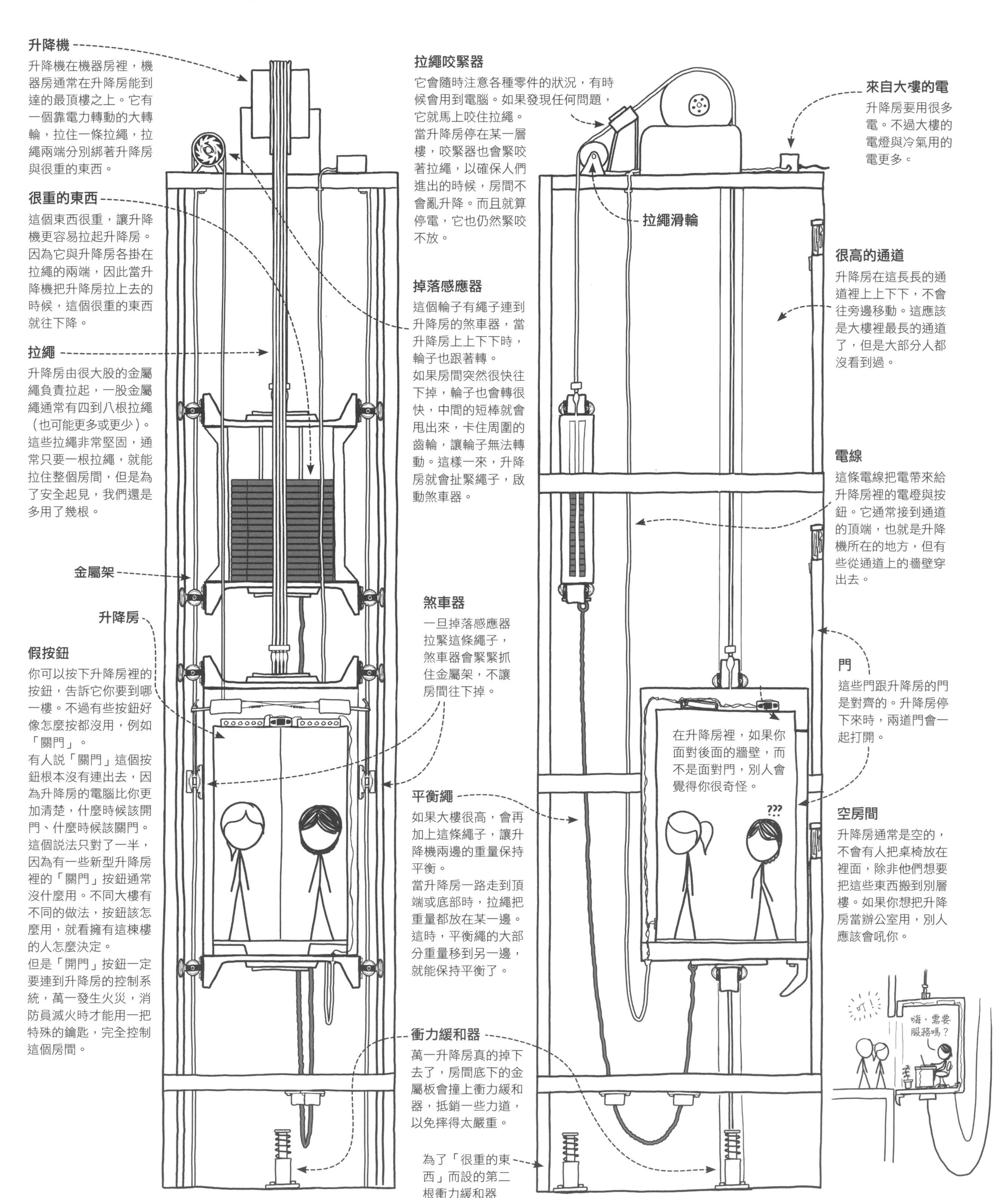
升降機
升降機在機器房裡，機器房通常在升降房能到達的最頂樓之上。它有一個靠電力轉動的大轉輪，拉住一條拉繩，拉繩兩端分別綁著升降房與很重的東西。
很重的東西
這個東西很重，讓升降機更容易拉起升降房。因為它與升降房各掛在拉繩的兩端，因此當升降機把升降房拉上去的時候，這個很重的東西就往下降。
拉繩
升降房由很大股的金屬繩負責拉起，一股金屬繩通常有四到八根拉繩（也可能更多或更少）。這些拉繩非常堅固，通常只要一根拉繩，就能拉住整個房間，但是為了安全起見，我們還是多用了幾根。
金屬架
升降房
假按鈕
你可以按下升降房裡的按鈕，告訴它你要到哪一樓。不過有些按鈕好像怎麼按都沒用，例如「關門」。
有人說「關門」這個按鈕根本沒有連出去，因為升降房的電腦比你更加清楚，什麼時候該開門、什麼時候該關門。這個說法只對了一半，因為有一些新型升降房裡的「關門」按鈕通常沒什麼用。不同大樓有不同的做法，按鈕該怎麼用，就看擁有這棟樓的人怎麼決定。
但是「開門」按鈕一定要連到升降房的控制系統，萬一發生火災，消防員滅火時才能用一把特殊的鑰匙，完全控制這個房間。
拉繩咬緊器
它會隨時注意各種零件的狀況，有時候會用到電腦。如果發現任何問題，它就馬上咬住拉繩。
當升降房停在某一層樓，咬緊器也會緊咬著拉繩，以確保人們進出的時候，房間不會亂升降。而且就算停電，它也仍然緊咬不放。
掉落感應器
這個輪子有繩子連到升降房的煞車器，當升降房上上下下時，輪子也跟著轉。
如果房間突然很快往下掉，輪子也會轉很快，中間的短棒就會甩出來，卡住周圍的齒輪，讓輪子無法轉動。這樣一來，升降房就會扯緊繩子，啟動煞車器。
煞車器
一旦掉落感應器拉緊這條繩子，煞車器會緊緊抓住金屬架，不讓房間往下掉。
平衡繩
如果大樓很高，會再加上這條繩子，讓升降機兩邊的重量保持平衡。
當升降房一路走到頂端或底部時，拉繩把重量都放在某一邊。這時，平衡繩的大部分重量移到另一邊，就能保持平衡了。
衝力緩和器
萬一升降房真的掉下去了，房間底下的金屬板會撞上衝力緩和器，抵銷一些力道，以免摔得太嚴重。
為了「很重的東西」而設的第二根衝力緩和器
拉繩滑輪
來自大樓的電
升降房要用很多電。不過大樓的電燈與冷氣用的電更多。
很高的通道
升降房在這長長的通道裡上上下下，不會往旁邊移動。這應該是大樓裡最長的通道了，但是大部分人都沒看到過。
電線
這條電線把電帶來給升降房裡的電燈與按鈕。它通常接到通道的頂端，也就是升降機所在的地方，但有些從通道上的牆壁穿出去。
門
這些門跟升降房的門是對齊的。升降房停下來時，兩道門會一起打開。
在升降房裡，如果你面對後面的牆壁，而不是面對門，別人會覺得你很奇怪。
???
空房間
升降房通常是空的，不會有人把桌椅放在裡面，除非他們想要把這些東西搬到別層樓。如果你想把升降房當辦公室用，別人應該會吼你。
叮！
嗨，需要服務嗎？

在海底下游的船　潛水艇

從很早以前就一直有船沉到海底，但直到幾百年前，我們才做出沉下去後又可以浮上來的船。一開始，這些船用來攻擊別的船，在別的船身上打出破洞，或黏上會爆炸的東西。後來我們又發現這些船有一個新用途：用來裝能夠燒毀整座城市的炸彈。這種炸彈藏在海裡很安全，戰爭的時候又能隨時發射。

毀滅世界的船
下面畫的這條船，可以裝兩打能夠毀滅城市的炸彈。有人算過，第二次世界大戰用掉的能量，包括爆炸的炸彈、發射的子彈，以及被燒的城市，全部加起來火力非常的大，而這條船攜帶的能量，火力比這些多好幾倍。

航海專有名詞
在大多時候，如果你把很巨大的船說成「艇」，懂船的專家聽到可能會很生氣。不過這種在海底下游的船，真的可以叫做「艇」。

重金屬發電機
這種船跟一些發電廠一樣，用重金屬來發電。因此它們可以停留在海底很久，不怕電用完。
只要用重金屬發電，就會有人擔心萬一出事要怎麼辦。不過，想想這些船的用途，這種船順利發揮功用的時候，我們才更應該擔心。

呼吸管
這根管子把新鮮的空氣引進船內，但這條船自己就能把水分解成空氣。雖然這需要很多能量，但因為船用重金屬發電，能量多到要做什麼都可以。

用鏡子看東西
這條船從海底上升到靠近海面時，船裡面的人可以用這些裝有鏡子的管子看到海面上的情形。

用聲音看東西
光線在水中走不遠，所以這種船改用聲音來「看」東西。船發出的聲音碰到東西會反彈回來，船裡的人仔細聽，就知道周圍有什麼東西，不需要用眼睛去看，就像蝙蝠在黑暗中抓昆蟲那樣。

睡覺的房間
船上大部分的人，睡在用來燒毀城市的炸彈旁邊。

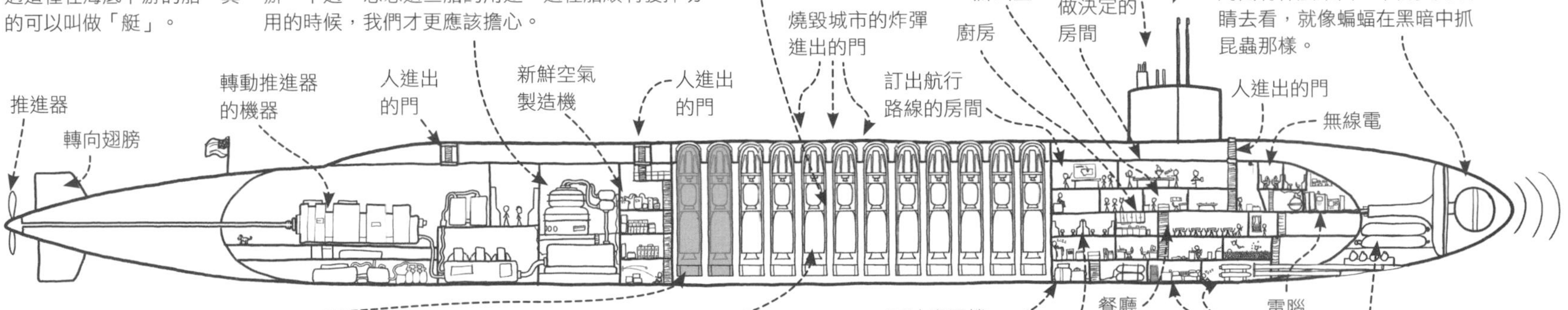

推進器
轉向翅膀
轉動推進器的機器
人進出的門
新鮮空氣製造機
人進出的門
燒毀城市的炸彈進出的門
訂出航行路線的房間
辦公室
廚房
做決定的房間
人進出的門
無線電
餐廳
電池
電腦

空房間
不久以前，大家同意世界上不應該有那麼多用來燒毀城市的炸彈。於是美國把每條船上的炸彈拿掉四顆，剩下二十顆。

燒毀城市的炸彈
每個房間都有一個飛行攜帶器，裡面裝了用來燒毀城市的炸彈。雖然這種船在海底下，但還是能直接發射炸彈到天空。每條船都可以在一個小時內，把炸彈射到世界的任何角落。

石油發電機（萬一重金屬發電機出問題的話，它就可以派上用場。）

飛行攜帶器發射室

用來裝水的房間（讓船能下沉到海底）

攻擊其他船的炸彈
這條船可以在水中發射小炸彈，把別的船炸出洞。小炸彈雖然會爆炸，但是沒有用重到金屬。
以前的船會裝更有多的槍和炸彈，但現在已經比較不會用船打來打去了。

其他在海底游的船

還有很多種船也可以到海底游，這裡畫出和那條可以毀滅世界的船相比，它們的大小相差多少。

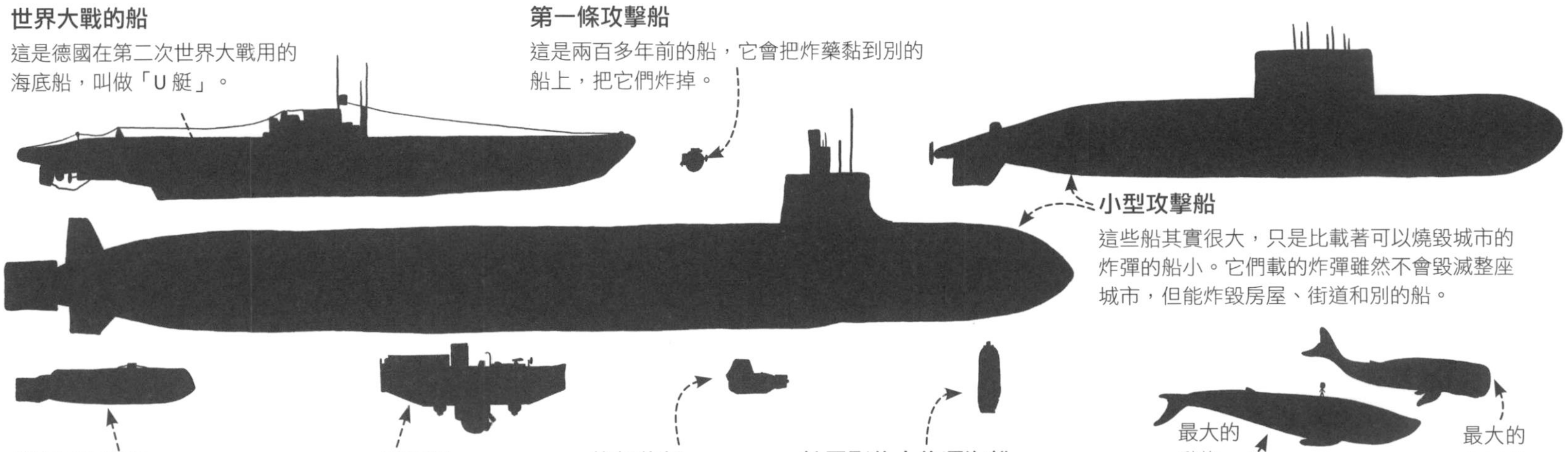

世界大戰的船
這是德國在第二次世界大戰用的海底船，叫做「U 艇」。

第一條攻擊船
這是兩百多年前的船，它會把炸藥黏到別的船上，把它們炸掉。

小型攻擊船
這些船其實很大，只是比載著可以燒毀城市的炸彈的船小。它們載的炸彈雖然不會毀滅整座城市，但能炸毀房屋、街道和別的船。

從沒用過的船
這些船是一百多年前造的，但是下海後就躲起來，從沒打過仗。
（這並不奇怪，現在毀滅世界的船也是躲在海底下，都沒打過仗。）

深海船
有兩個人曾經開這條船，到海底最深的地方。

找船的船
它曾找到很久以前撞上冰山而沉入海底的巨型大船。

拍電影的人的深海船
有一個人拍了一部電影，是關於撞上冰山而壞掉的巨型大船。他用拍電影賺到的錢買下這條深海船，自己開到最深的海底（不是為了拍電影，他就是喜歡海）。

最大的動物

最大的有牙齒的動物

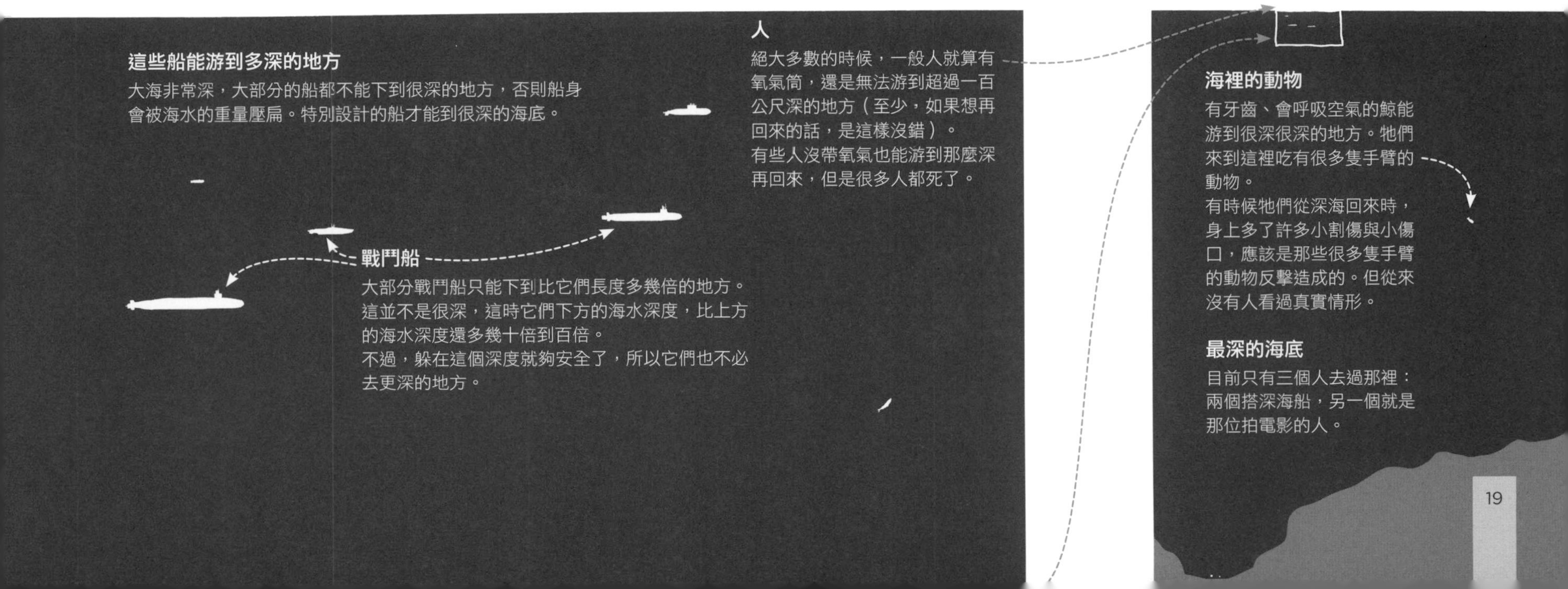

大型動物
鯨比攻擊船小，但牠們有些能游到很深的地方。

這些船能游到多深的地方
大海非常深，大部分的船都不能下到很深的地方，否則船身會被海水的重量壓扁。特別設計的船才能到很深的海底。

人
絕大多數的時候，一般人就算有氧氣筒，還是無法游到超過一百公尺深的地方（至少，如果想再回來的話，是這樣沒錯）。
有些人沒帶氧氣也能游到那麼深再回來，但是很多人都死了。

戰鬥船
大部分戰鬥船只能下到比它們長度多幾倍的地方。這並不是很深，這時它們下方的海水深度，比上方的海水深度還多幾十倍到百倍。
不過，躲在這個深度就夠安全了，所以它們也不必去更深的地方。

海裡的動物
有牙齒、會呼吸空氣的鯨能游到很深很深的地方。牠們來到這裡吃有很多隻手臂的動物。
有時候牠們從深海回來時，身上多了許多小割傷與小傷口，應該是那些很多隻手臂的動物反擊造成的。但從來沒有人看過真實情形。

最深的海底
目前只有三個人去過那裡：兩個搭深海船，另一個就是那位拍電影的人。

清洗碗盤的箱子 洗碗機

這個箱子是用水來沖洗盤子和杯子的機器。水裡面有清潔劑，這樣水就容易黏住食物，把食物拉走。

如果杯盤放在洗碗機的方式不對，可能會洗不乾淨。很多人遇到這種情況幾次以後，就會想出怎麼放才對的方法。不過住在一起的人如果各有自己一套方法，甚至可能會為了這件事吵成一團。

有些方法大家都會同意，例如杯口應該朝下放，這樣杯子洗完後，才不會裝滿髒水。還有其他很多技巧，不過你不用自己試個老半天，洗碗機附的說明書會教你該怎麼放（就算你已經把說明書搞丟了，網路上通常也能查得到）。

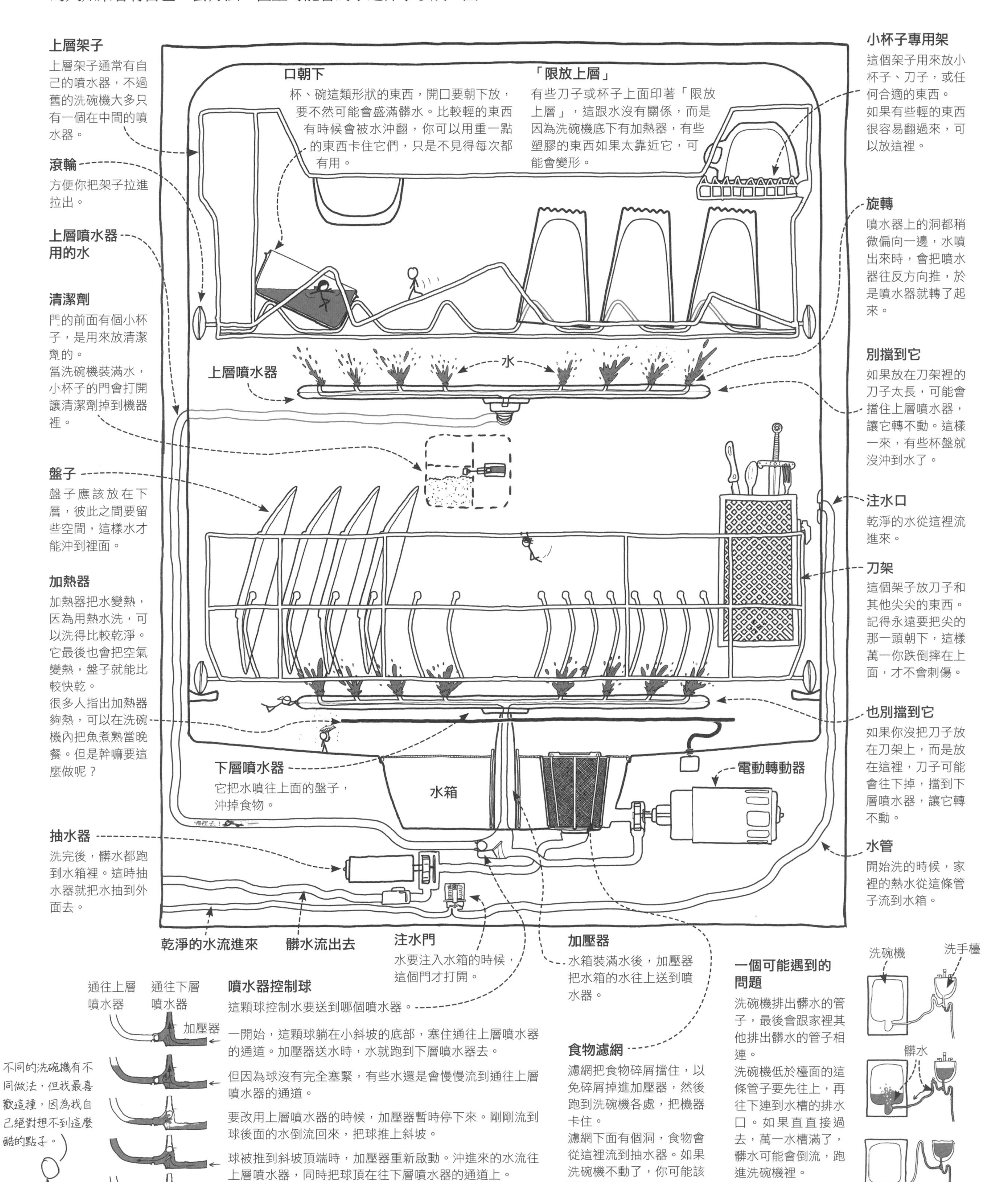

上層架子
上層架子通常有自己的噴水器，不過舊的洗碗機大多只有一個在中間的噴水器。
滾輪
方便你把架子拉進拉出。
上層噴水器用的水
清潔劑
門的前面有個小杯子，是用來放清潔劑的。
當洗碗機裝滿水，小杯子的門會打開讓清潔劑掉到機器裡。
盤子
盤子應該放在下層，彼此之間要留些空間，這樣水才能沖到裡面。
加熱器
加熱器把水變熱，因為用熱水洗，可以洗得比較乾淨。它最後也會把空氣變熱，盤子就能比較快乾。
很多人指出加熱器夠熱，可以在洗碗機內把魚煮熟當晚餐。但是幹嘛要這麼做呢？
抽水器
洗完後，髒水都跑到水箱裡。這時抽水器就把水抽到外面去。
口朝下
杯、碗這類形狀的東西，開口要朝下放，要不然可能會盛滿髒水。比較輕的東西有時候會被水沖翻，你可以用重一點的東西卡住它們，只是不見得每次都有用。
「限放上層」
有些刀子或杯子上面印著「限放上層」，這跟水沒有關係，而是因為洗碗機底下有加熱器，有些塑膠的東西如果太靠近它，可能會變形。
小杯子專用架
這個架子用來放小杯子、刀子，或任何合適的東西。
如果有些輕的東西很容易翻過來，可以放這裡。
旋轉
噴水器上的洞都稍微偏向一邊，水噴出來時，會把噴水器往反方向推，於是噴水器就轉了起來。
別擋到它
如果放在刀架裡的刀子太長，可能會擋住上層噴水器，讓它轉不動。這樣一來，有些杯盤就沒沖到水了。
上層噴水器
水
注水口
乾淨的水從這裡流進來。
刀架
這個架子放刀子和其他尖尖的東西。記得永遠要把尖的那一頭朝下，這樣萬一你跌倒摔在上面，才不會刺傷。
也別擋到它
如果你沒把刀子放在刀架上，而是放在這裡，刀子可能會往下掉，擋到下層噴水器，讓它轉不動。
下層噴水器
它把水噴往上面的盤子，沖掉食物。
水箱
電動轉動器
水管
開始洗的時候，家裡的熱水從這條管子流到水箱。
乾淨的水流進來
髒水流出去
注水門
水要注入水箱的時候，這個門才打開。
加壓器
水箱裝滿水後，加壓器把水箱的水往上送到噴水器。
噴水器控制球
這顆球控制水要送到哪個噴水器。
通往上層噴水器
通往下層噴水器
加壓器
一開始，這顆球躺在小斜坡的底部，塞住通往上層噴水器的通道。加壓器送水時，水就跑到下層噴水器去。
但因為球沒有完全塞緊，有些水還是會慢慢流到通往上層噴水器的通道。
要改用上層噴水器的時候，加壓器暫時停下來。剛剛流到球後面的水倒流回來，把球推上斜坡。
球被推到斜坡頂端時，加壓器重新啟動。沖進來的水流往上層噴水器，同時把球頂在往下層噴水器的通道上。
完成工作後，加壓器會暫時停下來，球又滾回一開始的位置。
不同的洗碗機有不同做法，但我最喜歡這種，因為我自己絕對想不到這麼酷的點子。
食物濾網
濾網把食物碎屑擋住，以免碎屑掉進加壓器，然後跑到洗碗機各處，把機器卡住。
濾網下面有個洞，食物會從這裡流到抽水器。如果洗碗機不動了，你可能該清理濾網了。
一個可能遇到的問題
洗碗機排出髒水的管子，最後會跟家裡其他排出髒水的管子相連。
洗碗機低於檯面的這條管子要先往上，再往下連到水槽的排水口。如果直直接過去，萬一水槽滿了，髒水可能會倒流，跑進洗碗機裡。
洗碗機
洗手檯
髒水

我們腳下的巨大石板　板塊構造

地球表面是由會移動的巨大石板組成的。陸地底下的石板通常很厚，移動得很慢，而且存在很久了。海洋底下的石板比較薄，卻比較重，而且移動得很快（對岩石來說很快，事實上跟你的指甲生長的速度差不多）。海底的石板撞上陸地的石板時，通常海底石板會被陸地石板壓住，一直往下壓到地球內部。發生這種情況的地方，通常在陸地旁就有很深的海，在陸地上有排成一列一列的山，還會有地震以及巨大的海浪。

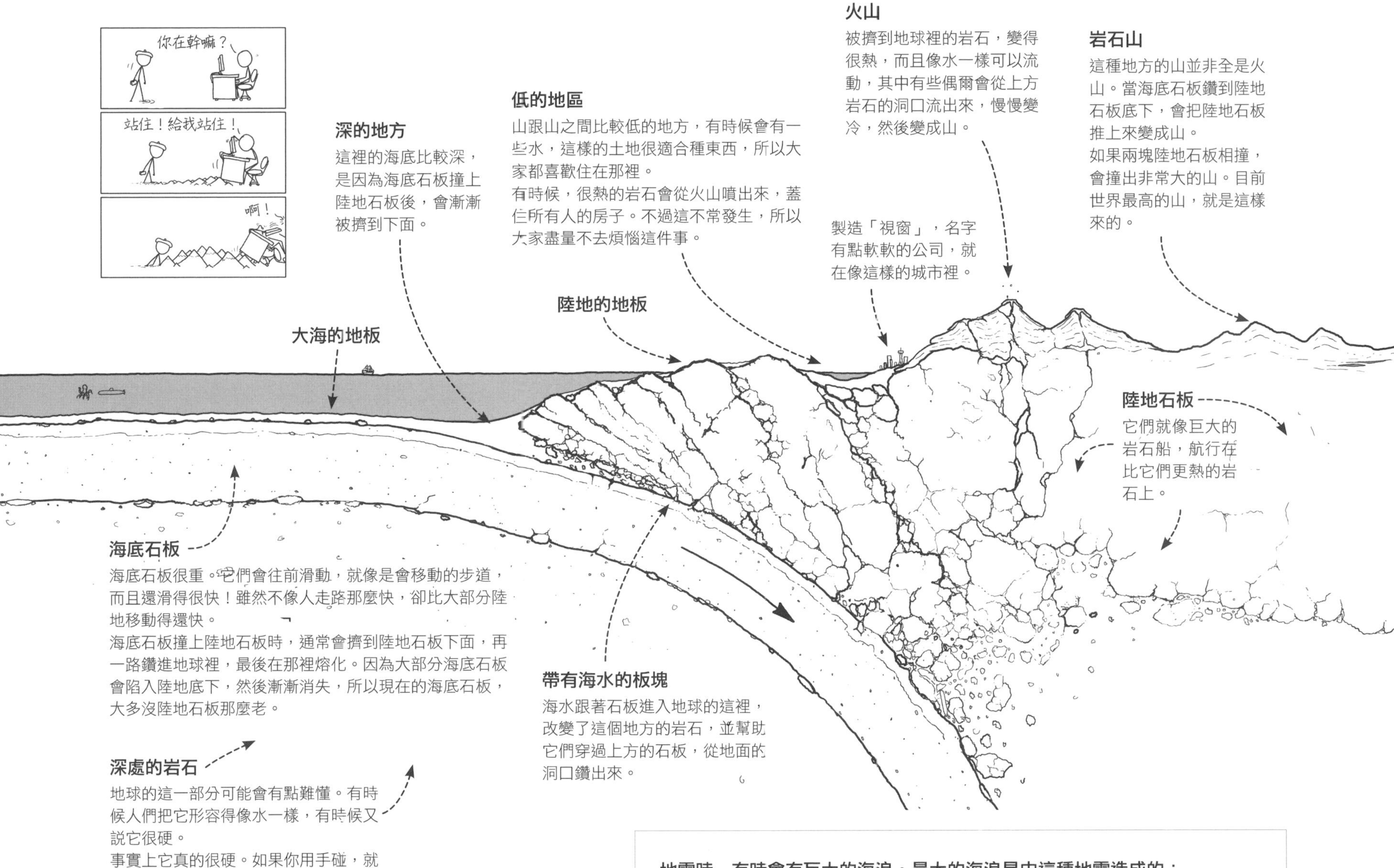
你在幹嘛？
站住！給我站住！
啊！
火山
被擠到地球裡的岩石，變得很熱，而且像水一樣可以流動，其中有些偶爾會從上方岩石的洞口流出來，慢慢變冷，然後變成山。
岩石山
這種地方的山並非全是火山。當海底石板鑽到陸地石板底下，會把陸地石板推上來變成山。
如果兩塊陸地石板相撞，會撞出非常大的山。目前世界最高的山，就是這樣來的。
低的地區
山跟山之間比較低的地方，有時候會有一些水，這樣的土地很適合種東西，所以大家都喜歡住在那裡。
有時候，很熱的岩石會從火山噴出來，蓋住所有人的房子。不過這不常發生，所以大家盡量不去煩惱這件事。
深的地方
這裡的海底比較深，是因為海底石板撞上陸地石板後，會漸漸被擠到下面。
製造「視窗」，名字有點軟軟的公司，就在像這樣的城市裡。
陸地的地板
大海的地板
陸地石板
它們就像巨大的岩石船，航行在比它們更熱的岩石上。
海底石板
海底石板很重。它們會往前滑動，就像是會移動的步道，而且還滑得很快！雖然不像人走路那麼快，卻比大部分陸地移動得還快。
海底石板撞上陸地石板時，通常會擠到陸地石板下面，再一路鑽進地球裡，最後在那裡熔化。因為大部分海底石板會陷入陸地底下，然後漸漸消失，所以現在的海底石板，大多沒陸地石板那麼老。
帶有海水的板塊
海水跟著石板進入地球的這裡，改變了這個地方的岩石，並幫助它們穿過上方的石板，從地面的洞口鑽出來。
深處的岩石
地球的這一部分可能會有點難懂。有時候人們把它形容得像水一樣，有時候又說它很硬。
事實上它真的很硬。如果你用手碰，就能感覺它很硬（但千萬別試，因為你的手會馬上燒起來）。它比最硬的金屬、玻璃更硬，甚至比鑽石還硬。這聽起來應該比較像岩石，而不是水啊！
不過從某種角度看，它又表現得很像水。它有點像從山上慢慢滑下來的巨大冰河。我們近看冰河，會發現冰很硬，你可以走在上面，還能把它敲成碎冰。但如果你從很遠的地方看冰河，然後等很久很久，你會看到它像水一樣流動。

大海的地板會動，是因為海底石板比底下的深處岩石還重，所以會陷入地球內部，同時拉動了大海的地板。陸地石板也會動，但大部分的時候都待在地球表面，不會往下掉。我們還不清楚到底是什麼推動了這些石板。

地震時，有時會有巨大的海浪。最大的海浪是由這種地震造成的：

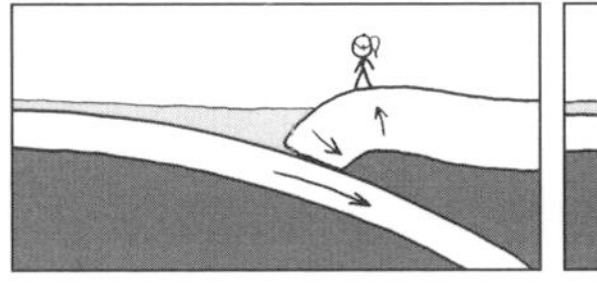

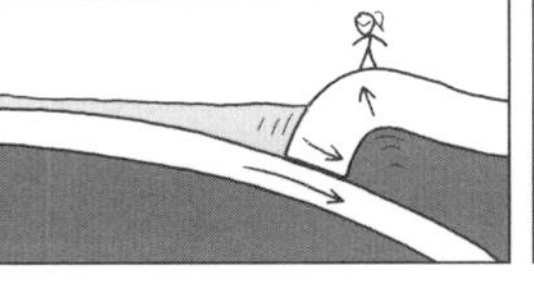

我住的美國有個地方就在海邊。（曾經有人做了一個給小孩玩的遊戲，玩法是設法到達這個地方，但要跨過河流、獵殺動物來吃，家人還可能死掉。這個遊戲應該是想教你過去的歷史，但我都只玩打獵的部分，沒學到很多。）那個海邊有件事很奇怪：海中有超多死掉的樹。奇怪的是，這些樹不是倒下來，而是直直的站在海中，好像是從這裡長出來的一樣。這應該不可能，因為樹沒辦法生長在海水中。雖然海面時高時低，但是這些樹三百年前才死掉，海水要上升到這個高度，應該不只三百年。

結果答案是：海水沒有上升，而是陸地下降。

三百年前，海的另一邊曾有巨大的海浪。當時看到的人把這件事寫下來，還提到在巨浪出現之前並沒有地震。

他們那裡沒有地震，是因為地震發生在非常遠的地方，在海的另一邊，也就是小孩遊戲中要到的那個地方。

那時候，在大海與陸地交界的地方，陸地稍微往下陷，海水流進來，淹過了這些樹。

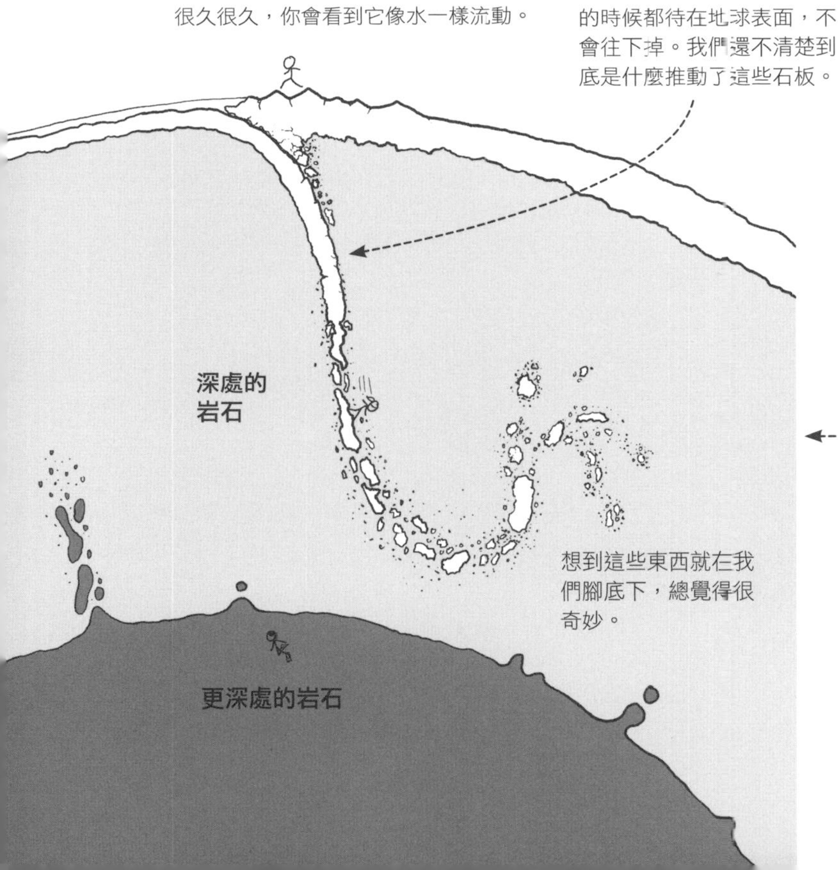
深處的岩石
想到這些東西就在我們腳底下，總覺得很奇妙。
更深處的岩石

石板消失後去了哪裡？

我們過去以為，石板跑到地球裡面以後，馬上因為很熱很熱而熔化，而且就算沒有很快熔化也沒差，因為它們會永遠的留在底下，這段歷史就從此消失不見。

結果那些岩石並沒有完全消失。地震時會發出傳遍地球的聲音，如果我們仔細聽，可以聽到這個聲音在地球內部撞到東西，這樣就能知道裡面大概是什麼樣子。

聽了地球的聲音之後，我們發現，那些岩石沒有全部馬上熔化。即使我們根本看不見它們，卻還是可以在它們一路落到地球深處時，一直追蹤。

我覺得這真的很酷。

雲圖 天氣圖

大氣每天都在變化。每一天，雲朵四處飄移，雨下了又停，風向也不斷改變。每一天，世界各地的人都想弄清楚大氣會變成怎樣，雨又會下在哪裡。

我們為了畫出天空的地圖，用太空船從上方對雲拍照，也從旁邊對雲發射無線電波，而且世界各地的人都會從地面抬頭觀察雲。

高壓和低壓

地圖上這些線，代表空氣在地圖上不同地區，往下壓得多大力。這麼畫好像有點奇怪，但這對了解雨和風可是很重要的。
這種圖跟表示山的形狀的地圖很像，圖中把空氣壓力一樣大的地方連成一線；中間的圓圈，代表這地方的空氣特別重或特別輕，通常會標注「高」或「低」，來表示重或輕。

低壓（下雨區）

空氣比較輕的地方，叫做「低壓」區。空氣會沿地面從別的地方向這裡移動，而且就像池子的水流到排水孔那樣，愈跑愈快，然後開始繞圈圈轉。
在這些空氣輕的地方，空氣往上升，常常造成下雨。因為空氣上升到高空後，裡面的水氣遇冷變成水滴，就像裝冰飲料的玻璃杯外面會出現水珠一樣。

冷空氣

這一帶會很冷，但天氣晴朗。

這一帶會下大雨（如果夠冷的話會下雪）。

這一帶會有很冷的強風，而且會下大雨。

低

冷空氣

這一帶會很涼爽。

這一帶會有微風和小雨。

冷空氣

這一帶暫時晴朗溫暖。

暖空氣

圖上的深色區域表示會下雨。

這一帶可能會有閃電，而且風大到能吹走房屋。

高

高壓（晴朗區）

這地方的空氣壓力比較大，濕空氣沒辦法上升，無法形成雲跟雨。這一帶的天空通常晴朗無雲，也沒什麼風。

超大旋轉風暴

這些風暴也是一種低壓，是太陽加熱海水表面後，海水變成水蒸氣上升形成的。風暴的中心附近會捲起非常強的旋風，但是正中心反而很平靜，甚至可能晴朗無雲。大家都把這個晴朗的區域叫做風暴的「眼」。
這些風暴從海上過來時，會把海裡的水也帶著走。它的強風把水吹到它們前面，變成雨下在陸地上，淋濕整個城市。有時雨大到讓河水上升，還會沖走人、汽車和房屋。
還好現在有電腦幫忙算出風暴可能往哪兒走，我們能通知那裡的人先躲開。

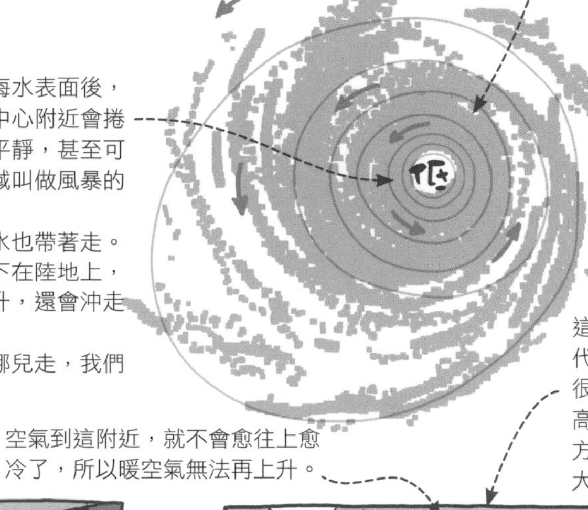

低

這塊雲往上突起，代表暖空氣上升得很快，雲才會遠遠高過應該停留的地方。這表示會有很大的暴雨。

空氣到這附近，就不會愈往上愈冷了，所以暖空氣無法再上升。

冷空氣
上升的空氣
暖空氣
雨

冷空氣過來

這個箭頭畫出冷空氣從哪邊過來。通常這表示會起風，然後閃電、打雷，下起非常非常大的雨，不過不會持續太久。

暖空氣
冷空氣
雨

暖空氣過來

這個箭頭畫出暖空氣會移往哪邊。通常暖空氣的前方會出現雲，有時候雲會早幾天出現，等暖空氣到了，就開始下雨。

非常大的夏日風暴

有時在大熱天，空氣在太陽的加熱下很快的上升，在高空冷卻後，降下傾盆大雨。有時還會出現吹走房子的龍捲風。

無線電雲圖上的圖形代表什麼意思

氣象觀測站向雲層發射無線電波，如果雲裡頭有很多大水滴，就會把電波反彈回去。
氣象觀測站的人往不同方向發射無線電波，就能畫出周遭的雲裡面有多少雨或雪。
下面是一些你在雲圖上會看到的圖形：

雨

這種大片區塊代表有雨。雨可能會下一陣子，但有時候大，有時候小。

雷雨

這種形狀代表風暴要來了，可能帶來閃電、打雷和強風。

暴風雨

這種形狀代表有閃電和會打雷的風暴要來了，而且先吹起的強風，比一般大很多。

龍捲風

出現像手指勾起來的這種形狀，代表龍捲風將要碰到陸地，可能捲起樹木與房屋。
有時候，在無線電波顯現的圖形中，你可以看到手指勾起狀的中間有小圓點，那就是龍捲風捲起來的東西。

蝙蝠

這個圓圈狀不是雨，而是成千上萬隻蝙蝠，在黃昏時一起從洞穴中飛出來吃昆蟲而形成的。
有時候，小鳥或昆蟲等其他動物，也會使雲圖出現這種圖形。

樹

如果天空都沒有雨，有時候雲圖上會出現細碎的線，那是無線電波由樹梢或屋頂反彈回來的訊號。

地面

這種形狀表示，無線電波碰到雲以後，先反彈到地上的水池才傳回來。因為所花的時間比較久，雲圖上看起來會以為很遠的地方有雨。

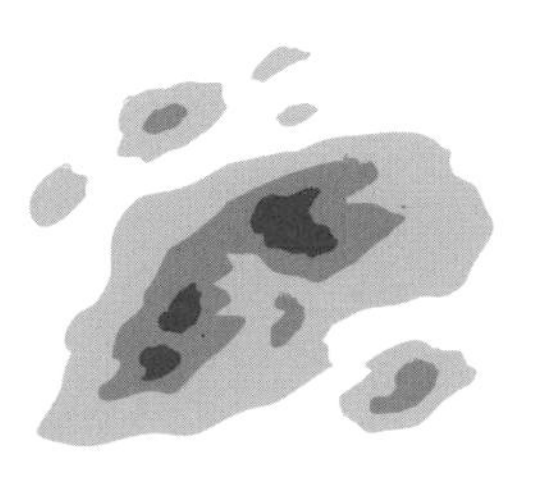

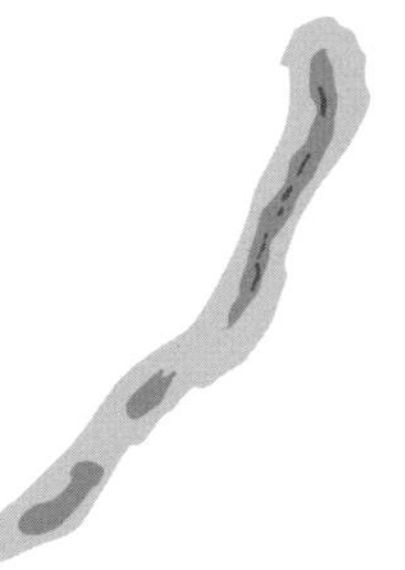

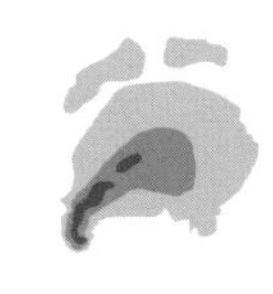

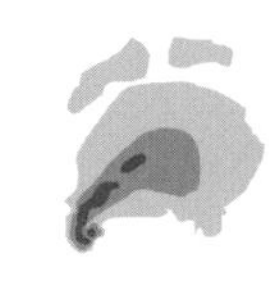

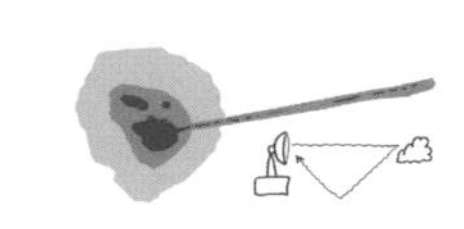

樹　樹的祕密

葉子
樹依靠葉子從陽光中製造能量。葉子裡有一種綠色的東西，可以吸收光線（以及我們呼出去的一種氣體），變成能量（以及我們吸進來的一種氣體）。

灰色的跳樹高手
松鼠睡在大大圓圓的窩裡，牠們的窩蓋在高高的樹梢上，是用樹枝和葉子做的。

長高
樹枝末端愈伸愈長，樹就愈長愈高。小樹枝跟大樹枝連接的那個點，不會再變高。

鳥洞
有些鳥會自己啄洞但也有很多鳥直接用別的鳥做好的洞。

長尖刺的「豬」
豪豬慢慢的逛來逛去，爬到樹上吃葉子和樹枝。牠的背上長滿了會螫人的尖刺，所以大部分動物都不敢惹牠。

有的樹很高，有的樹很大
就算是同一種樹，有些會往上長很高，有些會往兩旁長很大。如果周圍有別的樹，它們會盡量往上長，想辦法高過別的樹，才能照到陽光。如果一棵樹獨自長在原野上，它會盡量往四方伸出枝椏，才能晒到更多陽光。

安靜的夜間獵捕高手
貓頭鷹有雙大眼睛，又能無聲的飛翔，所以能在黑暗中抓到地面的動物。
很多人覺得牠看起來很有學問，可能只是因為牠很安靜，眼睛又大。

喝樹汁的洞
這些洞是一種啄木鳥啄出來的，牠們想要找樹汁來喝。

田野變森林
人們砍伐樹林時，有時會留下幾棵樹（為了有乘涼的地方，或可能是因為那棵樹很好看），於是這些樹有新的空間，可以再往旁邊生長。
如果那個地方後來又長成一片樹林，其中新的樹因為要彼此競爭，好晒到陽光，會長得又高又瘦。
如果你看見一片樹林裡都是瘦瘦高高的樹，中間卻有一棵寬廣的樹，長著低矮的樹枝，或許代表這片樹林在一百年前可能是某個人的田。

寄生的花
這種花會在樹上鑽洞，吸食樹的水分和養分。如果花愈長愈大，它吸附的樹枝可能枯掉，甚至最後整棵樹都會死掉。
如果派對中有人剛好站在這種花底下，大家就會叫他們親吻。

吵鬧的跳遠高手
蚱蜢和青蛙這兩種動物都會發出很大的聲音也都是跳遠高手。

閃電燒傷
雷雨的閃電如果打中樹，可能會在樹幹燒出一條線。

有鐵頭功的鳥
啄木鳥的頭不停撞向樹幹，用尖嘴在木頭上啄出洞來。牠們想在洞裡找蟲來吃，但有一些是住在裡面。

令你發癢的葉子
這些葉子裡的東西，會讓你皮膚變紅。你會覺得很癢，想去抓，但只會愈抓愈癢。
這種植物像掛滿葉子的細繩，它爬過地面，還會爬上樹；有時也會像小樹般，自己往空中長。它的葉子三片一組長在一起，就跟很多植物一樣。

鳥窩

舊鐵釘
有些人會用鐵釘把標誌釘在樹上，有時候樹木繼續生長，最後會把鐵釘全部包進去。
很多年以後，如果有人想砍下這棵樹，那個人的鋸子可能會鋸到鐵釘，把鐵屑噴得處處都是。

受傷的破洞
樹如果受傷，例如樹枝斷了，受傷的地方會長得不一樣，就像我們皮膚割傷時那樣。有時候，一些小動物會從這些地方鑽進去，把洞弄得更大。

樹皮
樹的外皮才是樹幹進行生長的部位，也是上下傳送養分的地方。如果我們沿樹幹剝下一圈樹皮，樹會死掉。
隨著樹皮一層一層增加，樹愈長愈大；在不同季節，生長的快慢也不同。如果把樹幹切開，你會看到很多層，數數看有幾層，就知道這棵樹幾歲了。

樹根
樹在土裡長出分枝（樹根），就像它們在空中長出分枝（樹枝）那樣。樹枝從太陽得到陽光，樹根則是從土裡得到水和養分。樹根一直向外伸展，常常伸得比樹枝還遠，但大多不會很深。

螞蟻山丘
這是螞蟻在地底下挖洞做窩時，搬出來的土。

出入口

火燒的洞
這些洞是很久以前的火災造成的。
落在地面的樹枝和樹葉燒起來，風一吹，把火吹向樹這邊。樹燒傷的地方會用不同的方式生長，有時候就長成一個大洞。

偷養分的賊
這些花的根不長在土裡，而是長在樹的根上，吸取樹的養分。
其中有一些花甚至沒有綠葉，不能自己從陽光製造養分。

像小狗的狐狸

挖小洞的老鼠

耳朵長長跳跳跳的兔子

挖大洞的土撥鼠

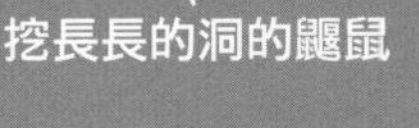

挖長長的洞的鼴鼠

成群結隊的螞蟻
螞蟻在土裡挖洞做窩，總是一大群住在一起。大部分的螞蟻不會生小孩，一個家族只有一個媽媽負責生下窩中所有的下一代。
螞蟻通常不會飛，與家裡的蒼蠅大不相同。牠們跟尾端有針會螫你的蜜蜂，才是同一類的。

沒手也沒腳，身體長長會咬人的蛇（正在睡覺）
蛇是身體細長的冷血動物，通常不會結伴一起出來鬼混，有時還會吃掉其他的蛇。
但是到了冬天，一大堆不同種類的蛇會聚在地底下的大洞裡（因為洞裡比較溫暖），擠成一團一起睡覺。

樹根上的微小生物
大部分樹和花，根上面都有微小生物在那裡生長。這些微小生物可以幫它們傳話給旁邊的樹和花。樹和花有時還可以跟微小生物共享養分，或是互相攻擊。
如果有東西想吃一棵樹，樹可以透過在地底的微小生物通知別的樹，其他的樹就能趕快製造有毒的水什麼的，不讓自己被吃掉。

燒光城市的炸彈　核彈

就在我寫這本書的不到一百年前，歷史上最大的戰爭就快要結束，有人想出讓一小塊重金屬像太陽那樣發出高熱的方法。他們做出讓重金屬熱到爆炸的「核彈」，發出的強光與大火足以燒光整座城市，大量灰塵像雲一般升起，使人生病。他們分別在兩個城市各丟了一顆這樣的炸彈，殺死很多很多人。

戰爭結束後，我們又學會讓炸彈產生威力更大且更熱的火，還把炸彈裝在飛行攜帶器上，可以在幾分鐘內飛到世界各地。由於沒有方法可以阻止這些炸彈，所以很多國家都製造這種炸彈，然後藏在地底下，這樣如果有別國攻打他們，他們也能打回去。

大家曾經擔心隨時會再發生新的世界大戰。有很多年，我們就是過著這樣的日子，每一方都等著對方發動攻擊，啟動毀滅世界的戰爭。

現在我們已經不再那麼擔心了，大部分人認為不會再發生世界大戰。只不過，足以毀滅世界的核彈仍然還在。

第一波連環爆炸

萬物都是由很小的顆粒組成的。第二次世界大戰剛開始時，我們學會怎麼讓一些特殊重金屬的顆粒裂成兩半，還發現它們裂開時，會放出一陣熱和幾顆飛得很快的更小粒子。

組成萬物的顆粒

像雲的部分
很重的中央部分

有一種很微小的東西在很重的中央周遭飛來飛去，形成像雲的部分，它們對連環爆炸並不重要，我們先不用管。

連環爆炸

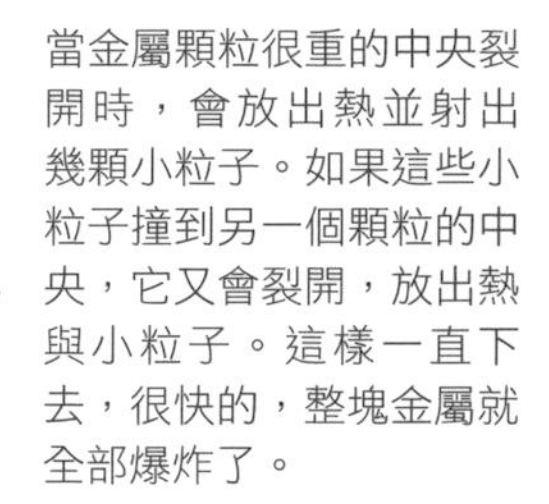

當金屬顆粒很重的中央裂開時，會放出熱並射出幾顆小粒子。如果這些小粒子撞到另一個顆粒的中央，它又會裂開，放出熱與小粒子。這樣一直下去，很快的，整塊金屬就全部爆炸了。

足夠的金屬

如果金屬太小塊，中央分裂後射出的小粒子可能什麼都沒撞到就飛出去了。為了啟動連環爆炸，金屬要夠大塊，才能確保小粒子在飛出去之前，會撞到別的顆粒的中央。

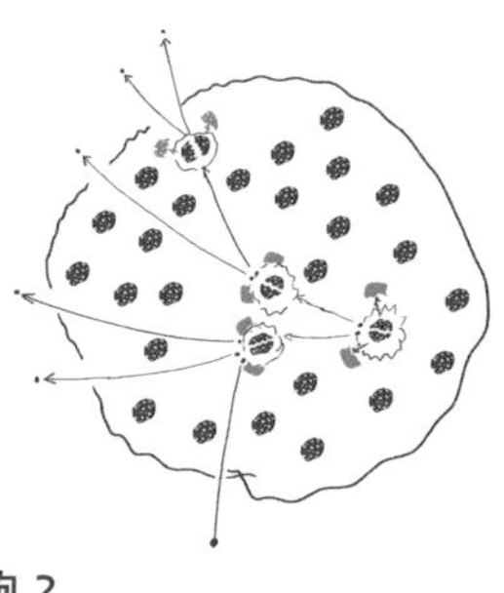

多少才夠？

（別這麼做！）

要多大塊的金屬，才能產生連環爆炸？這要看是哪種金屬與什麼形狀而定，也可能是手拿得起來的大小。

就算金屬本來不夠大，只要把它擠壓成更小塊，就可能爆炸，因為顆粒中央彼此更靠近，更容易被小粒子撞到。

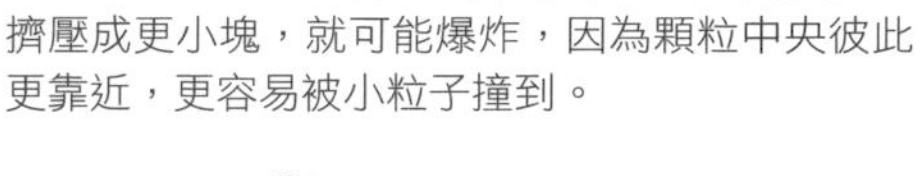

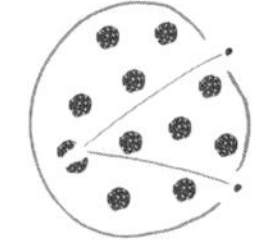

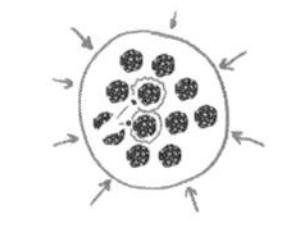

炸彈

第一代炸彈裡面只有一個爆炸的區域。過了幾年以後，我們發現把兩個爆炸區域放在一起，可以產生更大的爆炸。

上方的第一區使用一般炸藥，讓特殊重金屬裡面產生連環爆炸。然後下方的第二區再利用這特殊爆炸，在很輕的氣體或金屬裡，引爆更大的連環爆炸。

第二波爆炸，就是太陽裡面的那種爆炸。

輕金屬連環爆炸產生的能量，比重金屬爆炸的能量還大，但需要很多熱及很大的壓力才能引爆，所以只能靠重金屬的連環爆炸才做得到。

啟動器

點火器

塑膠炸藥

這就是一般用來炸開東西的炸藥。

第一區

洞

炸彈快要發射之前，從這裡注入一種特殊的氣體，讓連環爆炸順利啟動。

普通金屬

在連環爆炸開始時，用來把重金屬緊緊包在一起。

重金屬

發生第一波連環爆炸的地方。

塞在中間的東西

除了製造炸彈的人，沒人知道這東西是什麼做的。當亮光充滿炸彈內部，這東西會膨脹變大，擠壓第二區。

第二區

外殼

把第一區的亮光包起來，確保亮光可以擠壓第二區。

更多重金屬

輕金屬或氣體受擠壓，產生第二波連環爆炸時，這裡也會產生另一波連環爆炸。然後它們又互相讓對方的爆炸變得更強大。

輕金屬或氣體

這些東西也能產生連環爆炸，但必須先用力擠壓過才可以。

第二波連環爆炸

下面是第一波連環爆炸怎樣引爆第二波爆炸的經過。

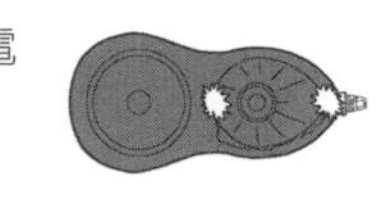

首先，訊號從電線傳到點火器，產生小火花。

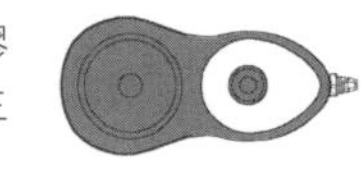

小火花點燃塑膠炸藥，開始產生爆炸。

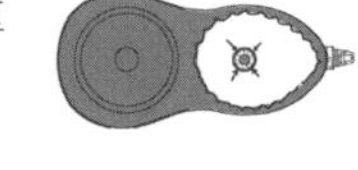

爆炸的力量把重金屬擠在一起。

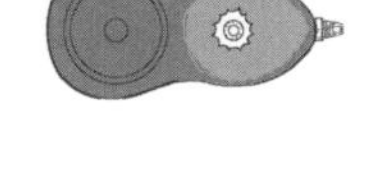

等重金屬擠壓到很小，連環爆炸就開始了。

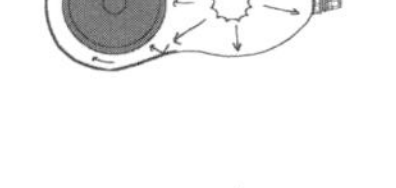

重金屬爆炸發出最亮的光，只有快要死亡的星星比它亮。

亮光加熱塞在中間的東西，它變大後，用力擠壓第二區。

然後輕金屬也發生連環爆炸。

這波連環爆炸又引起更劇烈的爆炸，最後炸彈整個炸開。

從第一波連環爆炸到最後炸開，花的時間，跟光走一二百公尺一樣。

我們發現，只要繼續增加這個過程，想製造多大的爆炸都可以，於是我們做的炸彈愈來愈大。

但我們現在已經不再製造更大的炸彈，改做小一點的炸彈。這並不是因為我們不想炸掉更大的城市，而是我們發現用許多小炸彈，比用一顆大炸彈，更容易燒光一座城市。很快的，我們手上的小炸彈多到想燒掉幾座城市都可以。

我們也不用再做更大的炸彈，因為我們擁有的這些炸彈，就強大到足以燒毀一切。反正再也沒別的東西好燒了。

如何發射

最先那兩顆燒毀城市的炸彈是用飛機丟下去的，後來的炸彈改由飛行器攜帶。

有些攜帶炸彈的飛行器，飛行方式跟把人送上太空的火箭，非常相似。

事實上，有些太空火箭就是攜帶炸彈的飛行器，只是上面不載炸彈，改載人。

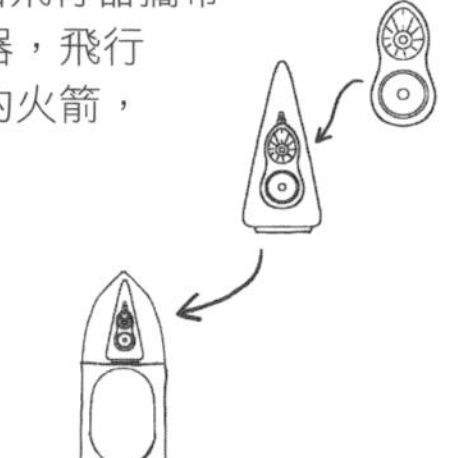

飛上太空（只有一會兒）

攜帶炸彈的飛行器可以飛到太空。跟大部分火箭一樣，它會一路把用完的部分丟掉，所以能飛得愈來愈快。

它的速度幾乎快到可以停留在太空，繞著地球轉了。

幾乎那麼快了，但還差一點。

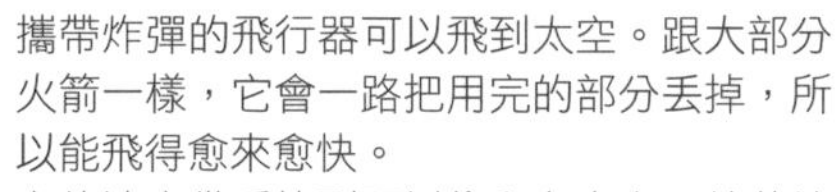

水房間 馬桶、臉盆和浴缸

這是人類最偉大的發明之一。
一百多年來，我們漸漸了解人為什麼會生病，還知道一些東西怎麼傳來傳去害我們生病，然後我們也找到一些阻止它們的方法。原來我們會生病，常常是因為一種很小的生物跑到我們身體裡，然後在裡面愈長愈多。大部分的時候，我們的身體會消滅它們，但是它們也會跟著我們的大小便跑出來，而且常常會有更多那些小生物跟著出來，這樣它們就能再傳給更多人。
後來我們想出怎麼在屋子裡裝水管，以及用水把大小便直接沖走不讓人碰到，才終於找到了好方法，來打敗這些曾經害死很多人的小東西。水房間就是這麼重要啊！

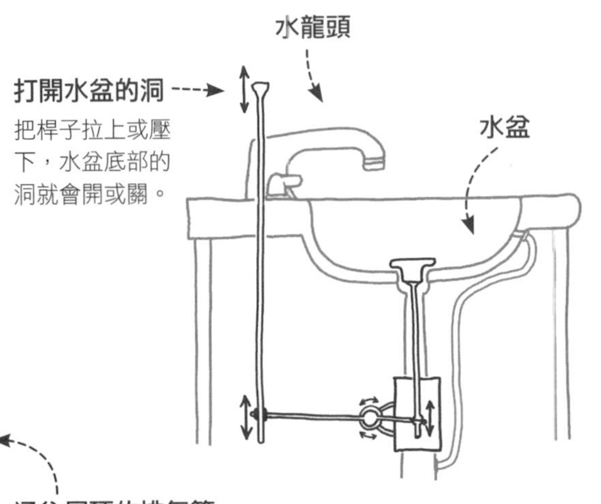

水龍頭
打開水盆的洞
把桿子拉上或壓下，水盆底部的洞就會開或關。
水盆

通往屋頂的排氣管
水房間排出去的臭水通常有些空氣。這根管子讓臭氣向上升，從屋頂的洞出去，免得臭氣從排水洞跑回來，搞得整間水房間臭臭的。

牆壁的聲音
在關掉老房子裡的水龍頭時，有時候會聽見牆壁發出很大的聲音，像是石頭打到什麼東西。這其實是水撞上水龍頭的聲音。
當你打開水龍頭，一長串的水從出水口不斷流出來。轉緊水龍頭時，全部的水都會停下來。水會流來流去，但不會變小，所以被水龍頭開關擋住，整串水無處可去時，只能馬上停住。這串水就這麼突然停住，猛力撞上金屬水管，發出很大的聲音。

老房子

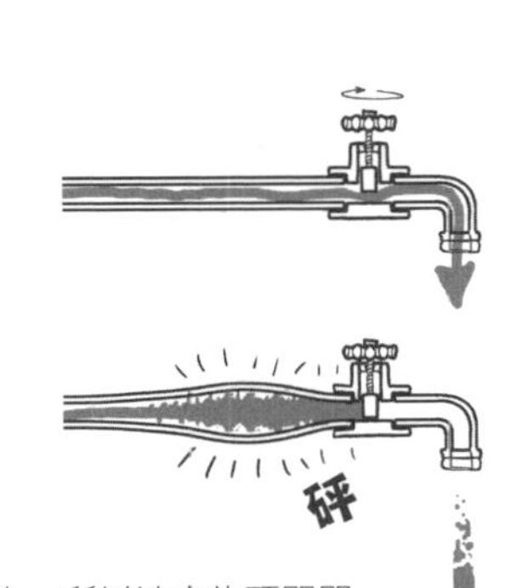

砰

新房子

怎麼解決這個問題
新房子的水龍頭會多加一根管子，來解決這個問題。這根管子在水的上方，一端是封死的，裡面都是空氣。水突然停住時，會往上跑到這根管子。管子裡的空氣可以像彈簧那樣伸縮，讓水慢慢停下來，這樣就不會發出很大的聲音了。

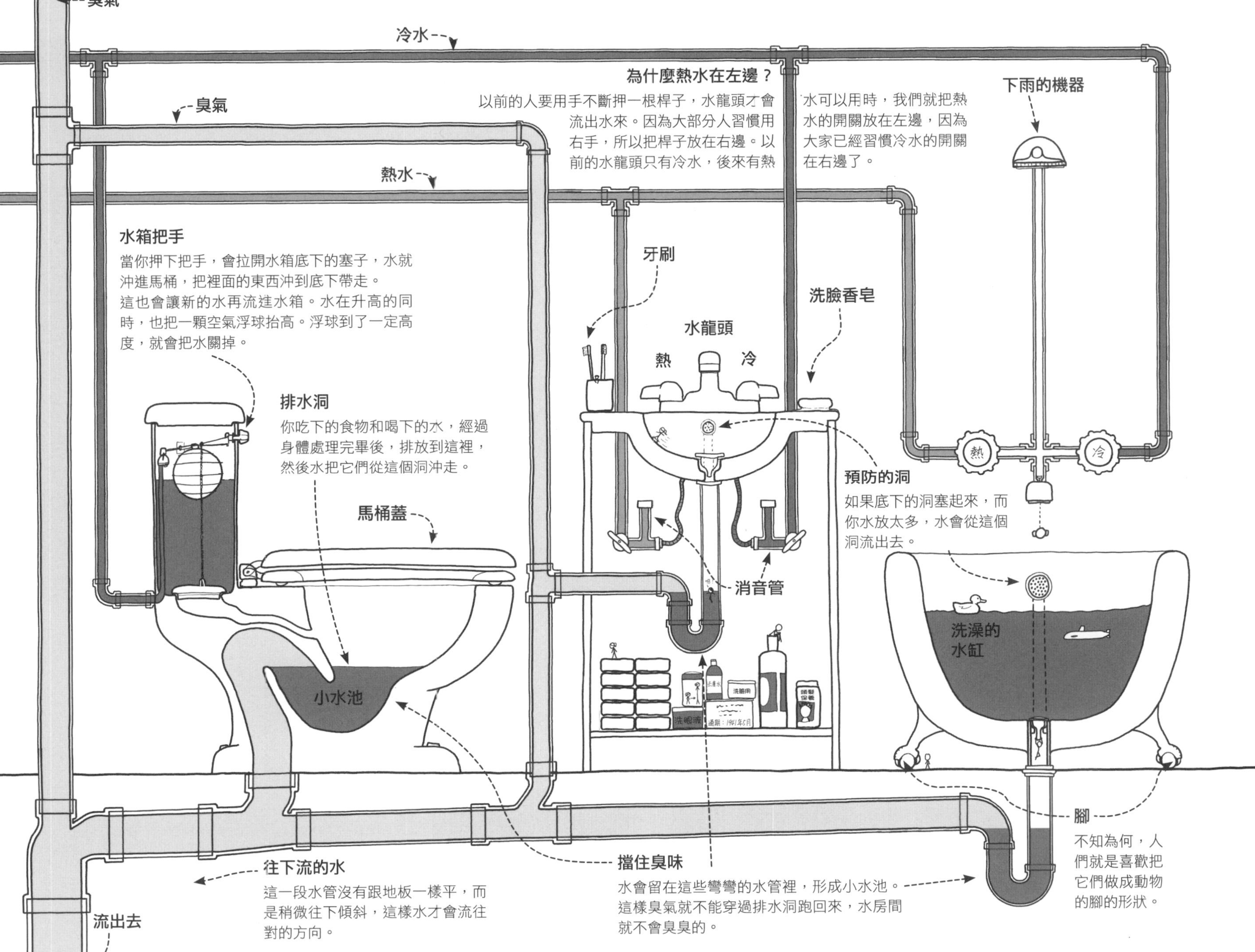

臭氣
冷水
臭氣
熱水
為什麼熱水在左邊？
以前的人要用手不斷押一根桿子，水龍頭才會流出水來。因為大部分人習慣用右手，所以把桿子放在右邊。以前的水龍頭只有冷水，後來有熱水可以用時，我們就把熱水的開關放在左邊，因為大家已經習慣冷水的開關在右邊了。
下雨的機器
水箱把手
當你押下把手，會拉開水箱底下的塞子，水就沖進馬桶，把裡面的東西沖到底下帶走。
這也會讓新的水再流進水箱。水在升高的同時，也把一顆空氣浮球抬高。浮球到了一定高度，就會把水關掉。
牙刷
洗臉香皂
水龍頭
熱
冷
排水洞
你吃下的食物和喝下的水，經過身體處理完畢後，排放到這裡，然後水把它們從這個洞沖走。
熱
冷
預防的洞
如果底下的洞塞起來，而你水放太多，水會從這個洞流出去。
馬桶蓋
消音管
洗澡的水缸
小水池
腳
不知為何，人們就是喜歡把它們做成動物的腳的形狀。
往下流的水
這一段水管沒有跟地板一樣平，而是稍微往下傾斜，這樣水才會流往對的方向。
擋住臭味
水會留在這些彎彎的水管裡，形成小水池。這樣臭氣就不能穿過排水洞跑回來，水房間就不會臭臭的。
流出去

放電腦的大樓 雲端資料中心

你在電腦上聽的歌、看的影片，有一些在你的電腦裡，但常常大部分都在「雲端」。

「雲端」不是真的雲，而是許多大公司擁有的大樓。大樓裡裝滿了一排排的電腦、存資料的盒子，還有五顏六色數不清的線到處連來連去，幫電腦把資料和電帶進帶出。你用推特或臉書之類的東西時，你的電腦就是在跟這些大樓裡的電腦「講話」。

有些放電腦的大樓是由很大的公司蓋的，只用來放自己的電腦。有些放電腦的大樓會把空間賣給需要地方放電腦的人。還有一些大樓連電腦都讓你用，再跟你收錢。如果你願意付錢，很多放電腦的大樓還可以用他們的電腦幫你做事。不論哪一種放電腦的大樓，裡面的電腦看起來都差不多。

滅火的氣體

如果放電腦的大樓裡有東西著火了，大樓會自動噴出一種比空氣重的氣體。火需要空氣裡的某種氣體才能燃燒，如果你用別種氣體趕走它，火就熄了。（火燃燒需要的特殊氣體，也是我們呼吸需要的氣體，所以如果房間噴出滅火氣體的時候，你正在裡面，你可能會死掉。但至少你不是燒死的。）

冷卻器

電腦會產生很多的熱，怎麼讓大樓保持涼爽，是管理這種大樓最困難的事情之一。大樓用的電，很多都用在讓房間的風扇轉動、不斷的把水送上屋頂，還要讓屋頂的大型冷卻器把水變涼、再流回。

冷空氣走道與熱空氣走道

在各樓層，電腦櫃排排站，櫃子之間有冷空氣走道以及熱空氣走道。冷空氣走道在電腦吸進空氣的那一邊，熱空氣走道在電腦吐出熱空氣的那一邊。這樣電腦吐出來的熱空氣才不會被別的電腦吸進去。

專屬的房間

如果你自己有電腦跟電腦櫃，也可以付錢要一個只屬於你的房間。你可以放任何你想放的電腦，再把它們接到大樓的系統。

碰面的房間

有的時候，不同公司的電腦會放在同一棟大樓，而且想要互相傳資料。

即使這些電腦在同一棟大樓，而且資料都是從這裡傳出去的，但通常還是要先把資料傳到大樓外面，付錢給專門傳送資料的公司，把資料傳回大樓給另一家公司。有些放電腦的大樓會有一個房間，讓不同公司的電腦互相連接、分享資料，不用再傳到外面，付錢請別人傳送資料。

熱空氣 熱空氣 熱空氣
冷空氣 冷空氣

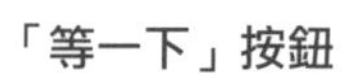

「等一下」按鈕

大樓著火，開始噴出滅火的氣體時，壓下這個按鈕，就是告訴大樓說：「等一下！先不要噴，我還在裡面！」

送電箱

這些箱子把電送到這一層樓的每一排電腦櫃。

風扇的聲音

大樓裡面很吵，大部分的噪音來自那些把零件吹涼的風扇。

工具袋

這個袋子是這個房間的主人留下來的。

普通空氣

網路線

接到電腦的網路線有些掛在天花板，有些在地板底下。

熱空氣走道

冷空氣走道

嗶啵，我是臉書

有輪子的維修桌

一排排的電腦櫃

升降房

糟了！

鎖

電腦大樓通常至少有兩道上鎖的門，只讓少數人進出。大樓的老闆非常小心，因為萬一有人跑來偷走東西，就沒人敢把電腦放這裡了。

把熱帶走的水

各樓層的冷氣機

每一層樓都有這種冷氣機。當它感覺這層樓太熱時，就會用屋頂大型冷卻器弄冷的水，來讓空氣變涼。

防止壞人

一定要先關上外面那道門，才能打開裡面那道門。這樣才不會有人趁門開開的時候，跟在你後面闖進來。

大樓辦公室

警衛

滅火的氣體

連到外面的線

這些線讓大樓可以連接外面世界的電腦與電話。這些線不是用金屬做的，而是玻璃做成的，這樣可以傳送更多資料。

指紋檢查器

這機器裡有可以進入大樓的人的指紋相片。你用手指頭碰機器，它會檢查你的指紋，如果跟可以進入大樓的人的指紋一樣，才會開門。

汽油

電力盒

一定要有電

放電腦的大樓最怕沒電，所以大樓通常有很多電力盒，停電時可以頂一會兒。萬一停電的時間很長，還有發電機可以燃燒汽油，產生電力。

電力監視器

這台機器會看情況決定該讓電腦用哪一種電。如果電力公司停電了，這台機器會馬上改用電力盒的電，不會讓任何電腦關機。

電力轉變器

放電腦的大樓要用很多電，所以電力公司給的電，跟給一般家庭的電不一樣，家裡的電是沒辦法傳很遠的。進到大樓的電用很長的電線傳來，就是鄉間那些比樹還高的鐵塔，上頭掛的那種電線。

電力轉變器把傳來的電轉成普通的電給電腦用。有了電力轉變器方便很多，只要它們不爆炸的話。放心，它們很少爆炸的。

電腦

放電腦的大樓裡用的是一種特別的電腦，大概像椅背那麼大，剛好可以放進櫃子裡。

櫃子

放電腦的大樓裡的電腦都放在這種櫃子裡。這種櫃子能放進各種電腦零件，所以任何人要放各種電腦跟零件到任何放電腦的大樓，都能輕鬆做到。

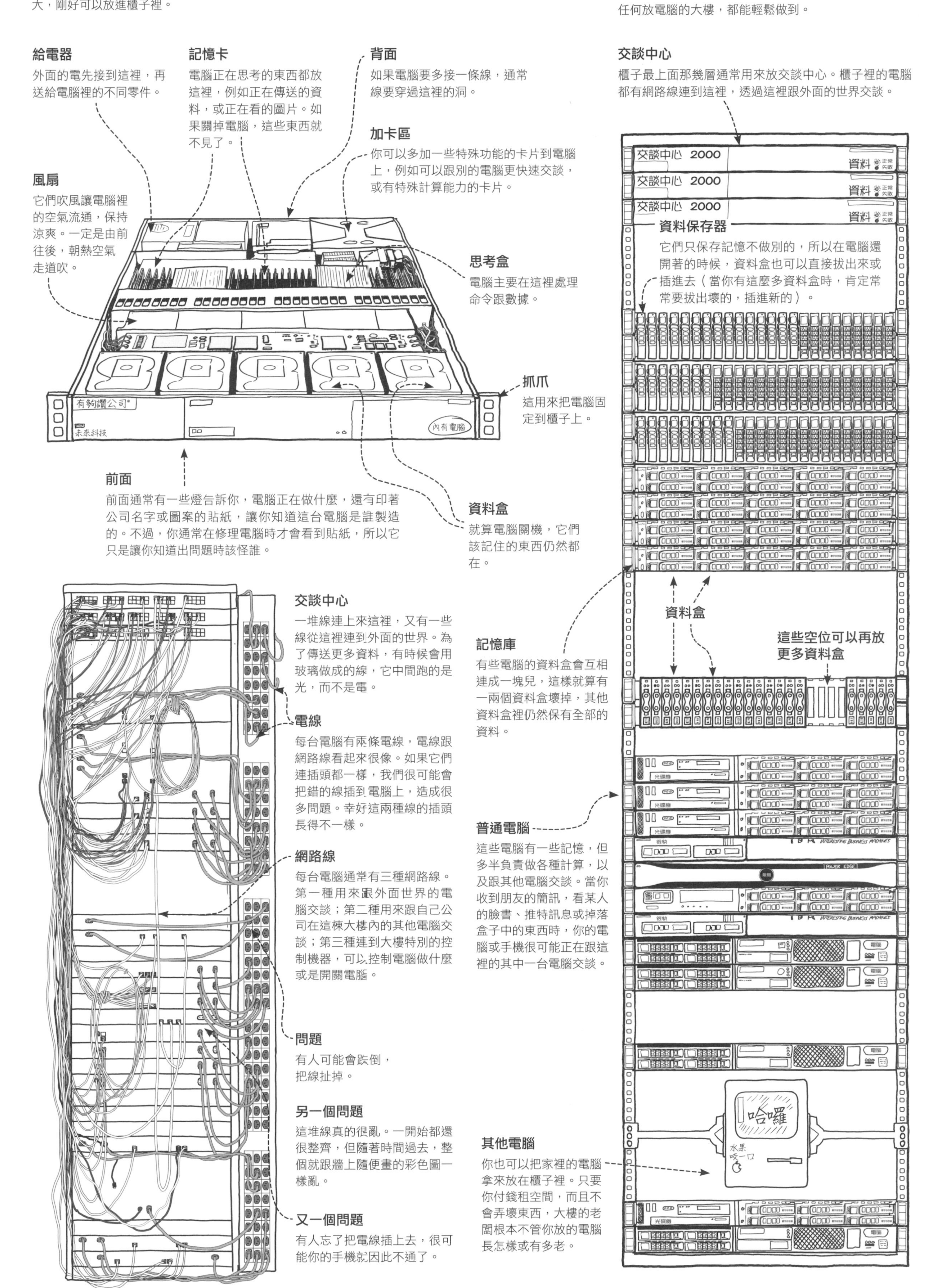

給電器
外面的電先接到這裡，再送給電腦裡的不同零件。
記憶卡
電腦正在思考的東西都放這裡，例如正在傳送的資料，或正在看的圖片。如果關掉電腦，這些東西就不見了。
背面
如果電腦要多接一條線，通常線要穿過這裡的洞。
加卡區
你可以多加一些特殊功能的卡片到電腦上，例如可以跟別的電腦更快速交談，或有特殊計算能力的卡片。
風扇
它們吹風讓電腦裡的空氣流通，保持涼爽。一定是由前往後，朝熱空氣走道吹。
思考盒
電腦主要在這裡處理命令跟數據。
抓爪
這用來把電腦固定到櫃子上。
前面
前面通常有一些燈告訴你，電腦正在做什麼，還有印著公司名字或圖案的貼紙，讓你知道這台電腦是誰製造的。不過，你通常在修理電腦時才會看到貼紙，所以它只是讓你知道出問題時該怪誰。
資料盒
就算電腦關機，它們該記住的東西仍然都在。
交談中心
一堆線連上來這裡，又有一些線從這裡連到外面的世界。為了傳送更多資料，有時候會用玻璃做成的線，它中間跑的是光，而不是電。
電線
每台電腦有兩條電線，電線跟網路線看起來很像。如果它們連插頭都一樣，我們很可能會把錯的線插到電腦上，造成很多問題。幸好這兩種線的插頭長得不一樣。
網路線
每台電腦通常有三種網路線。第一種用來跟外面世界的電腦交談；第二種用來跟自己公司在這棟大樓內的其他電腦交談；第三種連到大樓特別的控制機器，可以控制電腦做什麼或是開關電腦。
問題
有人可能會跌倒，把線扯掉。
另一個問題
這堆線真的很亂。一開始都還很整齊，但隨著時間過去，整個就跟牆上隨便畫的彩色圖一樣亂。
又一個問題
有人忘了把電線插上去，很可能你的手機就因此不通了。
交談中心
櫃子最上面那幾層通常用來放交談中心。櫃子裡的電腦都有網路線連到這裡，透過這裡跟外面的世界交談。
交談中心 2000
資料
資料保存器
它們只保存記憶不做別的，所以在電腦還開著的時候，資料盒也可以直接拔出來或插進去（當你有這麼多資料盒時，肯定常常要拔出壞的，插進新的）。
資料盒
這些空位可以再放更多資料盒
記憶庫
有些電腦的資料盒會互相連成一塊兒，這樣就算有一兩個資料盒壞掉，其他資料盒裡仍然保有全部的資料。
普通電腦
這些電腦有一些記憶，但多半負責做各種計算，以及跟其他電腦交談。當你收到朋友的簡訊，看某人的臉書、推特訊息或掉落盒子中的東西時，你的電腦或手機很可能正在跟這裡的其中一台電腦交談。
其他電腦
你也可以把家裡的電腦拿來放在櫃子裡。只要你付錢租空間，而且不會弄壞東西，大樓的老闆根本不管你放的電腦長怎樣或有多老。
哈囉

美國太空部的五號火箭 農神五號火箭

這是唯一曾經把人送到別的星球上的火箭。太空人用它一共登陸月球六次，全都是在這本書寫好的五十年前左右。在這六次登陸月球之後，我們就不再發射這種火箭到別的星球。美國太空部最後一次用它，是為了把美國的第一個太空屋送上太空。

但是太空人才去過這個太空屋幾次，它就掉回了地球，還掉了幾塊碎片到一個小鎮上。這個小鎮因此對美國太空部開罰單，因為他們亂丟東西到地上。

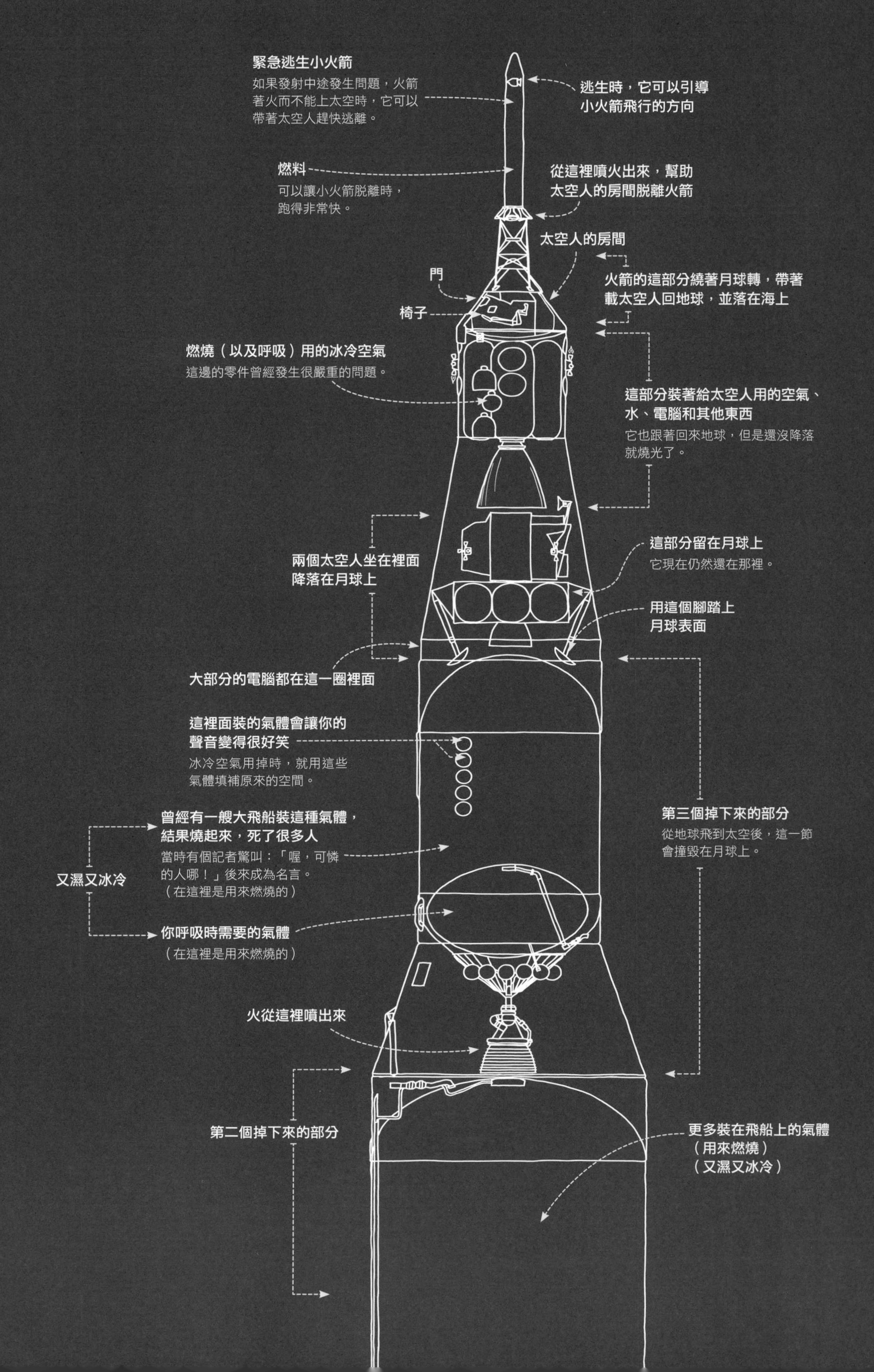

緊急逃生小火箭
如果發射中途發生問題，火箭著火而不能上太空時，它可以帶著太空人趕快逃離。
逃生時，它可以引導小火箭飛行的方向
燃料
可以讓小火箭脫離時，跑得非常快。
從這裡噴火出來，幫助太空人的房間脫離火箭
太空人的房間
門
椅子
火箭的這部分繞著月球轉，帶著載太空人回地球，並落在海上
燃燒（以及呼吸）用的冰冷空氣
這邊的零件曾經發生很嚴重的問題。
這部分裝著給太空人用的空氣、水、電腦和其他東西
它也跟著回來地球，但是還沒降落就燒光了。
兩個太空人坐在裡面降落在月球上
這部分留在月球上
它現在仍然還在那裡。
用這個腳踏上月球表面
大部分的電腦都在這一圈裡面
這裡面裝的氣體會讓你的聲音變得很好笑
冰冷空氣用掉時，就用這些氣體填補原來的空間。
第三個掉下來的部分
從地球飛到太空後，這一節會撞毀在月球上。
曾經有一艘大飛船裝這種氣體，結果燒起來，死了很多人
當時有個記者驚叫：「喔，可憐的人哪！」後來成為名言。
（在這裡是用來燃燒的）
又濕又冰冷
你呼吸時需要的氣體
（在這裡是用來燃燒的）
火從這裡噴出來
第二個掉下來的部分
更多裝在飛船上的氣體
（用來燃燒）
（又濕又冰冷）

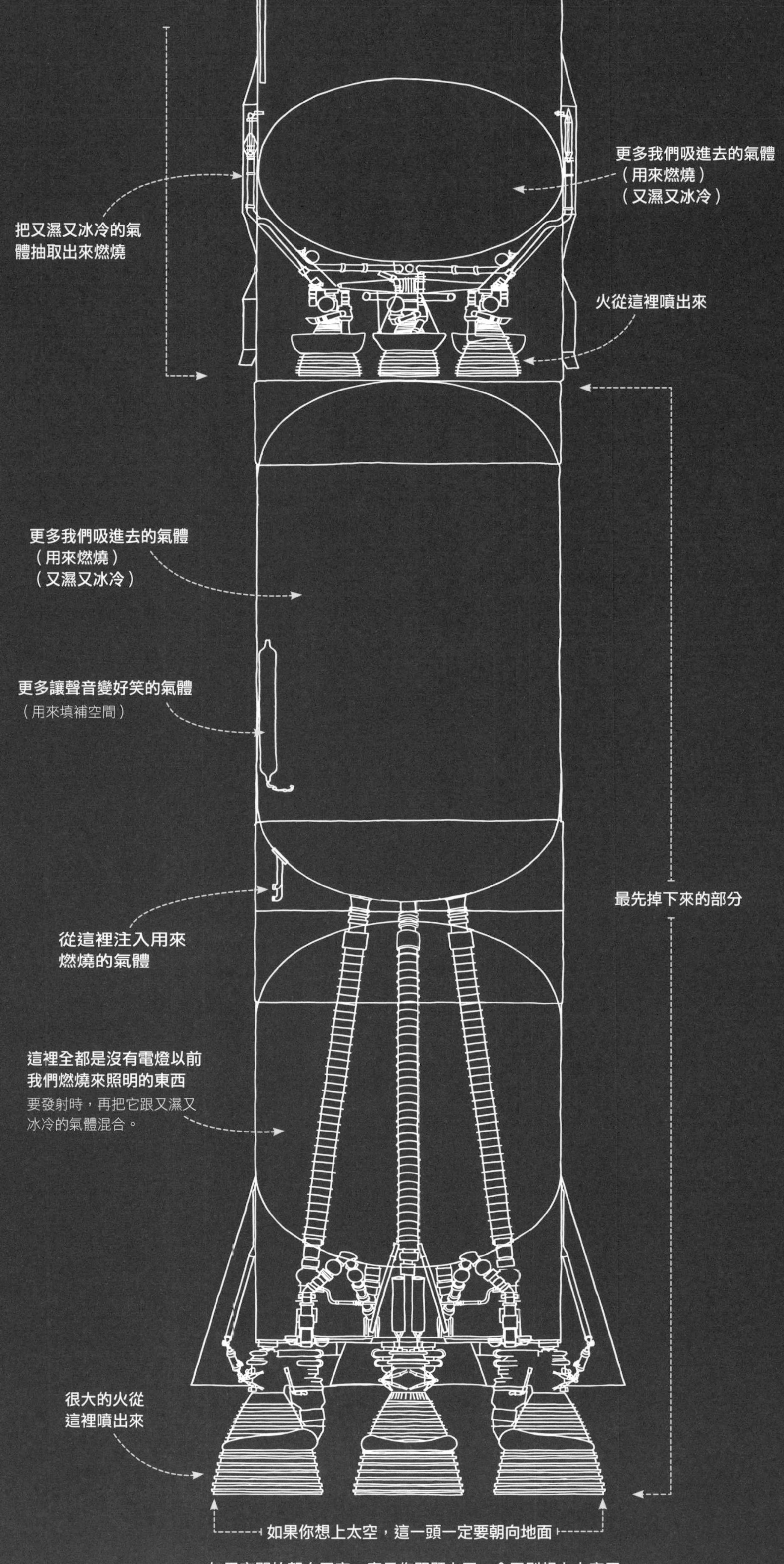

更多我們吸進去的氣體
（用來燃燒）
（又濕又冰冷）
把又濕又冰冷的氣體抽取出來燃燒
火從這裡噴出來
更多我們吸進去的氣體
（用來燃燒）
（又濕又冰冷）
更多讓聲音變好笑的氣體
（用來填補空間）
最先掉下來的部分
從這裡注入用來燃燒的氣體
這裡全都是沒有電燈以前我們燃燒來照明的東西
要發射時，再把它跟又濕又冰冷的氣體混合。
很大的火從這裡噴出來
如果你想上太空，這一頭一定要朝向地面

如果它開始朝向天空，表示你問題大了，今天別想上太空了。

飛機推動器 噴射引擎

就跟車子、船一樣，飛機也是靠燃燒汽油的機器來推動。汽油要有空氣才能燃燒，而飛機推動器有一種特殊的風扇，可以一邊飛一邊把空氣吸進來幫助燃燒。

大部分用汽油燃燒的機器會進行四個步驟：第一步，吸進空氣；第二步，推擠空氣；第三步，在空氣中燃燒汽油，讓空氣因為加熱而變大；最後，利用變大的空氣用力推某樣東西。

飛機推動器把熱空氣產生的力量用在兩方面：讓熱空氣噴向後面，推動飛機向前飛，就像火箭那樣；另外，用它轉動風扇，吸進更多空氣，讓推動器不停運轉。

各種推動器

小飛機和大飛機都要靠推動空氣來飛，但是不同的飛機有不同的推動器。

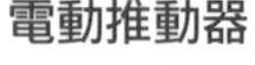

人力推動器

竹蜻蜓很好玩，但是如果你想用它推動飛機，就算你的手轉到酸死也辦不到。

電動推動器

這種推動器接上了電，所以更好玩（你可能想先把它裝在飛機上）。

火力推動器

這種推動器用在速度很快的飛機上，例如戰鬥機。雖然它們飛得很快，但是要比別種飛機用更多油。

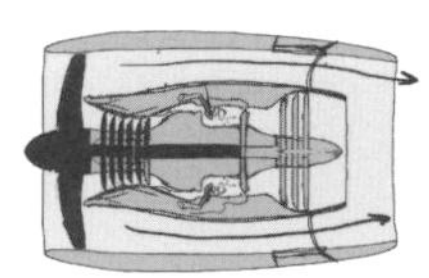

火力大風扇

它跟火力推動器一樣，只是前面多加了一個大風扇。如果不用飛得非常快，這種推動器就非常好了。不過，它們的聲音很大。

大型飛機推動器

這是把火力大風扇用外殼整個包起來，好控制空氣怎麼進去。它只有在飛行速度比聲音慢的時候才表現得好，這也是為什麼幾乎沒有大型飛機飛得比聲音快。

推動器怎麼運作的？

要了解飛機推動器怎麼運作，可以先從火箭的推動器開始。

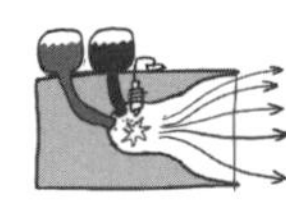

點火時，你需要空氣和可以燒的東西。火箭把汽油和空氣灌進一邊有開口的燃燒室，然後點火。一爆炸，火就從開口噴出來，推動火箭。

燃燒需要空氣，但是太空中沒有空氣，所以火箭必須自己帶空氣。不過飛機四周就有空氣，所以只要帶汽油就好了。飛機吸進空氣，加上汽油，然後點火燃燒。

你還可以在推動器前面多加一個風扇，把更多空氣吸進燃燒室。空氣愈多，火燒得更快更猛，推動器也就更有力。

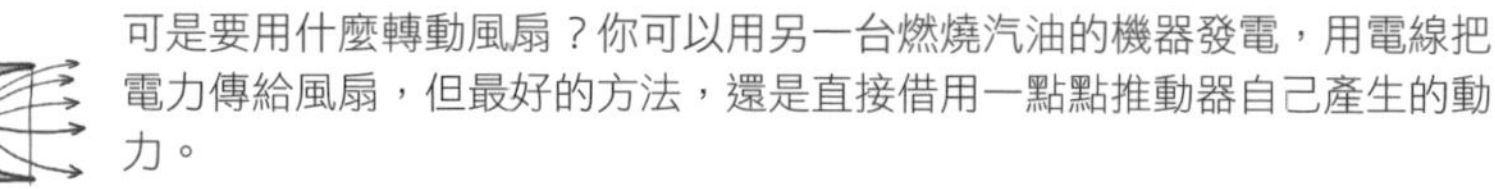

可是要用什麼轉動風扇？你可以用另一台燃燒汽油的機器發電，用電線把電力傳給風扇，但最好的方法，還是直接借用一點點推動器自己產生的動力。

如果你在火焰噴出的地方也多加一個風扇，用棒子跟前面的風扇相連，這樣就會帶動前面的風扇轉動。雖然後面這個風扇會影響燃燒，降低推力，但是前面風扇提高的燃燒，不但補過來，還超過很多。

最後還有一個方法讓推動器更厲害：熱空氣除了推動前面的風扇，把空氣進送進燃燒室，還可以推動一個更大的風扇。

這個大風扇（有時會用外殼包起來）才是真正推動飛機往前飛的東西。一旦有這個大風扇，原來那些風扇都只是用來吸進空氣、幫助燃燒，然後產生動力轉動大風扇。

等一下！

很多人會懷疑：「為什麼燃燒產生的力量知道要從後面衝出去？為什麼不是有一半去推前面的風扇，讓風扇變慢？」

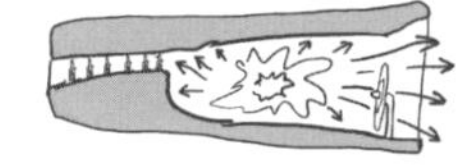

答案是：燃燒室的形狀與風扇的大小，會使能量往後跑比較順，因為它只要越過一些風扇就行了。

第一步：吸進空氣

產生動力的第一步，就是從這邊吸進空氣。

第二步：推擠空氣

這些風扇把空氣一路推擠到愈來愈小的空間，這樣火才會燒得快又猛。

第三步：燃燒

空氣一來到燃燒室，汽油小油滴馬上噴進去，然後點火燃燒。

汽油和空氣變熱、爆炸。燃燒室的牆壁讓爆炸的空氣無路可去，只能往後噴發。

第四步：產生動力

單靠空氣噴發的力量就可以把飛機往前推了，但是飛機推動器還有個更酷的設計：讓空氣再經過幾個風扇。這些風扇不是用來推擠空氣的，而是利用空氣來轉動的。風扇轉動會推動中間的棒子，棒子再帶動前頭所有的風扇轉動，帶動推動器運轉。

風扇互相讓對方轉動？這應該行不通吧！其實轉動的力量來自汽油燃燒產生的爆炸，後面的風扇只是巧妙利用爆炸的力量，讓推動器持續運轉。

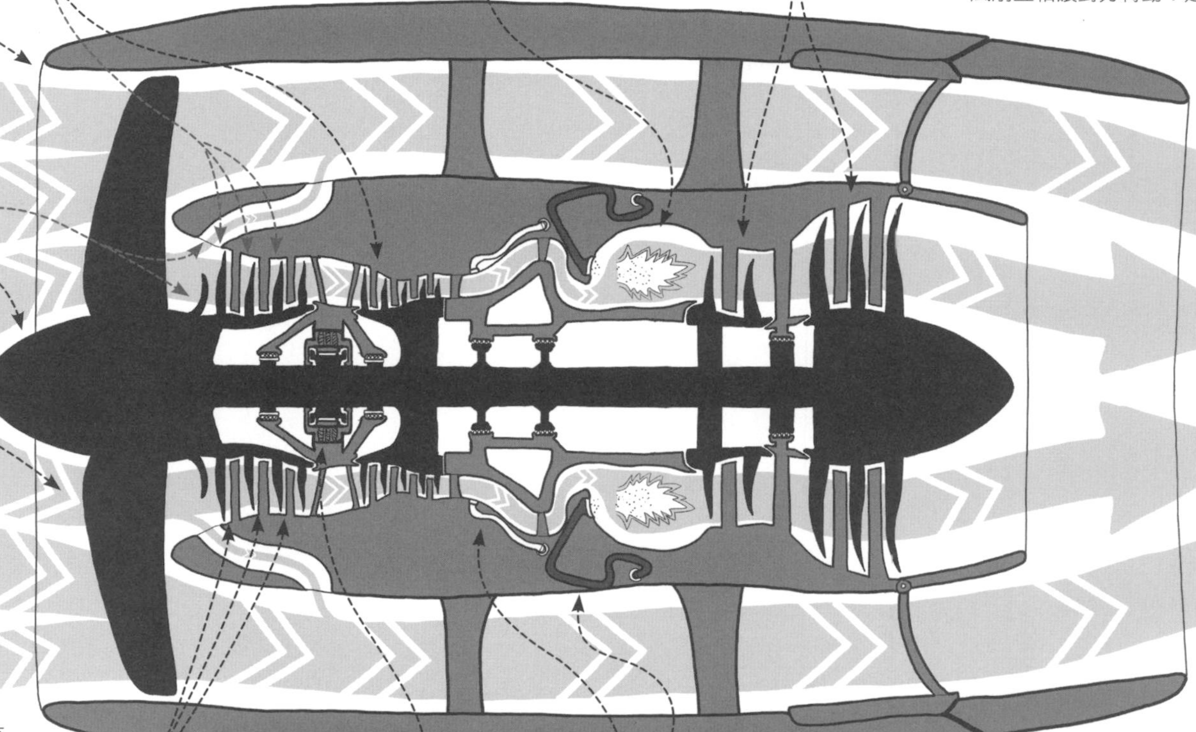

擱下來

如果樹枝、石頭這些東西跟著空氣跑進來，會從這個通道被推出去，這樣就不會打壞風扇。

尖鼻子

它先幫忙把空氣擠在一起，好讓風扇吸入。

大風扇

後面的爆炸利用中間的棒子轉動這個大風扇。飛機主要靠它飛起來，推動器的其他部分都只是為了要轉動大風扇。

不是每架飛機都有這種大風扇，有些飛機直接用爆炸的空氣來推動，特別是速度很快的飛機。但是對速度比聲音慢的飛機來說，利用爆炸轉動大風扇，比直接用爆炸的力量還更省油。

防止亂轉

風扇往同一個方向轉動來推擠空氣，結果可能讓空氣在附近打轉，而沒有乖乖進去燃燒室。為了避免這情形，每個風扇之間都有個小隔板，讓氣流不會亂轉，而是直接走進去。

發電機

它利用中間的旋轉棒產生一些電給飛機的其他東西用（例如燈和電腦）。

補充空氣

高空的空氣很少，人很容易呼吸困難。這東西會把推擠進來的空氣抽出一些，送到飛機裡，讓人可以呼吸。

油管

把汽油送到燃燒室裡面。

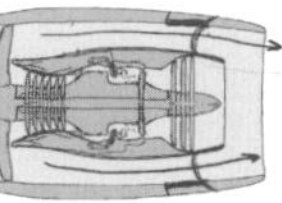

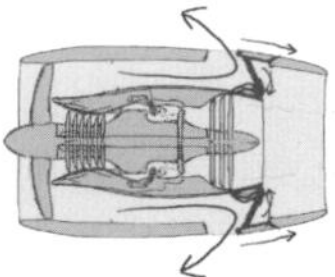

踩煞車

如果飛機要停下來，可以打開這裡的門，讓空氣從旁邊出去，吹向前面。這樣空氣就變成把飛機往後推，而不是往前推了。

開飛機會摸到的各種東西 駕駛艙

飛機前端有個小房間，房間最前面有兩張椅子，駕駛員就坐在這裡告訴飛機要往哪兒開。小房間有一些窗戶，不過房間大部分都被螢幕、按鈕，以及報告飛機狀況的五顏六色指示燈占滿了。飛機上有電腦，如果事先設定好，它能把飛機開得很好。你可以透過許多按鈕和螢幕，了解電腦打算怎麼開；如果你不喜歡，也可以丟給它新的計畫。

大部分的指示燈和按鈕都很簡單；它們通常只做一件事情，例如亮燈或熄燈。兩個椅子中間有一大排按鈕和螢幕，其中有些用來發送訊息給別人，有些用來查看地圖，決定該怎麼飛。起飛和降落是飛行中最困難的部分，中間的飛行簡單多了。中間這段往往交給電腦來開，駕駛員只要在一旁盯著，確定都沒問題就可以了。

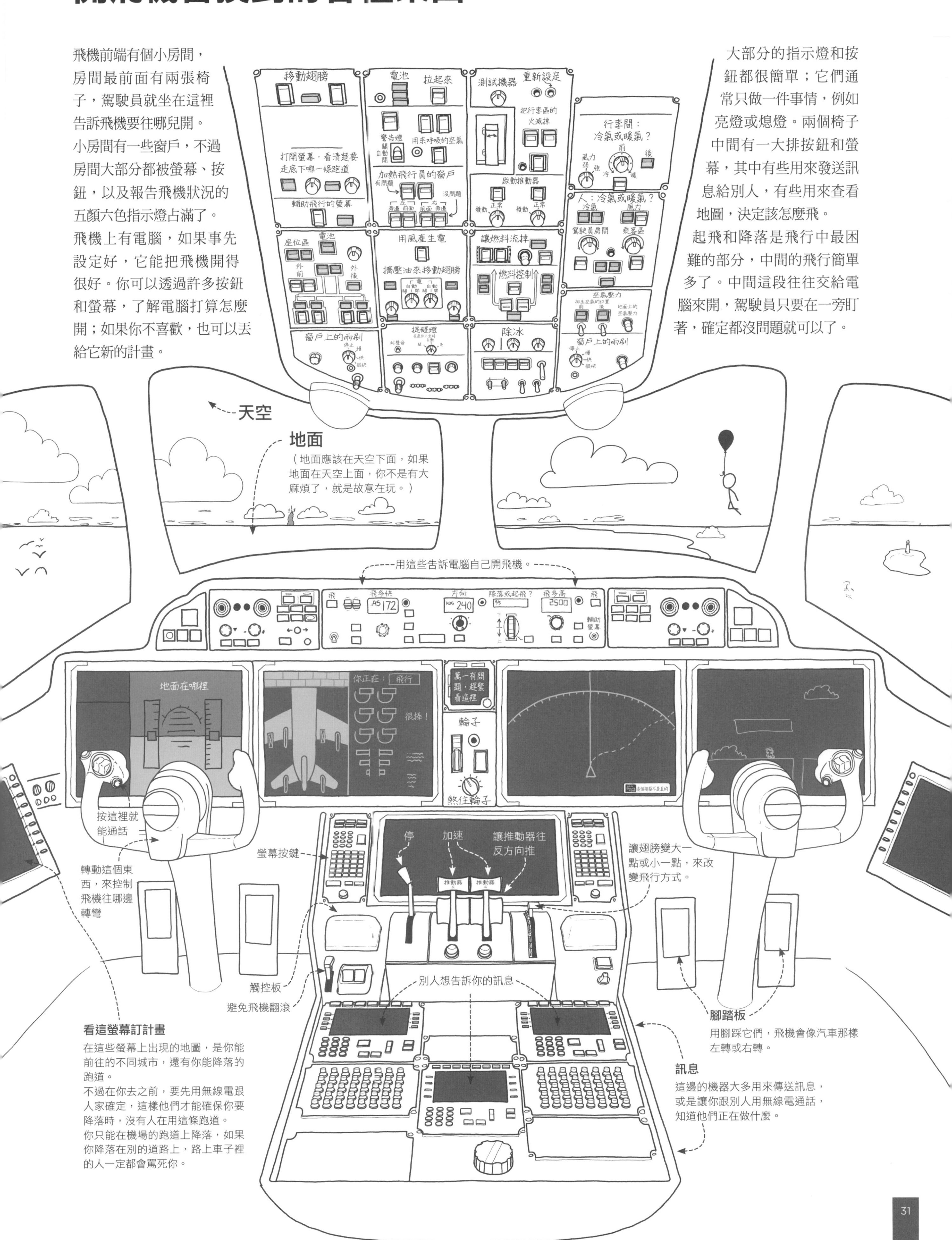

移動翅膀
電池
拉起來
測試機器
重新設定
把行李區的火滅掉
行李間：冷氣或暖氣？
打開螢幕，看清楚要走底下哪一條跑道
加熱飛行員的窗戶
輔助飛行的螢幕
啟動推動器
人：冷氣或暖氣？
駕駛員房間
乘客區
座位區
用風產生電
擠壓油來移動翅膀
讓燃料流掉
燃料控制
空氣壓力
窗戶上的雨刷
提醒燈
除冰
天空
地面
（地面應該在天空下面，如果地面在天空上面，你不是有大麻煩了，就是故意在玩。）
用這些告訴電腦自己開飛機。
飛多快
方向
降落或起飛？
飛多高
地面在哪裡
你正在：飛行
很棒！
萬一有問題，趕緊看這裡
輪子
煞住輪子
按這裡就能通話
轉動這個東西，來控制飛機往哪邊轉彎
螢幕按鍵
停
加速
讓推動器往反方向推
推動器
讓翅膀變大一點或小一點，來改變飛行方式。
觸控板
避免飛機翻滾
別人想告訴你的訊息
腳踏板
用腳踩它們，飛機會像汽車那樣左轉或右轉。
看這螢幕訂計畫
在這些螢幕上出現的地圖，是你能前往的不同城市，還有你能降落的跑道。
不過在你去之前，要先用無線電跟人家確定，這樣他們才能確保你要降落時，沒有人在用這條跑道。
你只能在機場的跑道上降落，如果你降落在別的道路上，路上車子裡的人一定都會罵死你。
訊息
這邊的機器大多用來傳送訊息，或是讓你跟別人用無線電通話，知道他們正在做什麼。

微小粒子的大對撞機 大型強子對撞機

微小粒子的大對撞機就是讓微小的粒子很用力撞在一起的機器。為什麼要建造這樣的機器？讓我說一個有關船的故事，這樣或許你會比較容易了解。

假裝你和朋友搭船，漂在一片神祕的海上，海面有霧遮住了，所以你完全不知道這海長什麼樣子。你想底下一定是水，但是水裡面有什麼？有冰嗎？有大鯊魚嗎？甚至說不定海裡根本沒有水，而是啤酒海？或是沙海？塑膠球海？

有一個方法可以弄清楚：你可以從船邊丟東西到海中，看看會打出什麼上來。如果你丟的東西有點重，可能會濺起幾滴海水來。如果你丟更重的東西，激起的海浪搞不好會把一個冰塊拋到空中。用這方法，你就可以更了解這片大海！

現在，想像你突然發現船在動，可是你的船連一張風帆都沒有，不可能是風吹的，但你想不通是什麼東西推著船前進。

你和朋友偶爾聽到船邊傳來奇怪的聲音。你們想了半天，猜想可能是大鯊魚在撞船。你想到一個主意：如果你們丟很重的東西到海中，總有一次在激起的大浪花中，會出現大鯊魚。

可是你要先造一台可以非常用力撞擊海面的機器，才有可能讓海浪拋起大鯊魚。這要花很多力氣和金錢，不過你和朋友都覺得，只要能搞清楚水裡究竟是怎麼回事，還是值得一試。

噴出
好了，現在割斷繩子！

微小粒子的大對撞機

這是史上最巨大、能量最高的微小粒子對撞機，範圍有一個城市那麼大，但是大部分藏在地下。

怎麼用它來調查？

這座機器把一堆氣體顆粒丟到一條管子裡，讓它們用力撞在一起。它們相撞的力量這麼大，氣體顆粒會用很新奇的方式裂開，就好像大力搖晃氣體（還有空間），然後裡面因此掉出一些新粒子那樣。

這些粒子大部分只存在一會兒，空間還在搖晃時，它們就又消失了。但是我們觀察氣體顆粒相撞的地方跑出什麼，就能猜到從空間搖出了什麼。

為什麼要造這座機器？

我們就像那些船一樣，想了解我們航行的空間。我們看不見空間，但如果我們用力撞它，被撞得飛出來的粒子就能透露一些事情。

這些機器已經讓我們更了解空間、時間，以及組成萬物的東西。我們造了這座更大的機器，來測試我們的新想法：那些粒子本身是什麼組成的、它們如何互相推拉，以及為什麼東西都有重量。

為什麼要蓋在地下？

雖然空間無所不在，要在哪裡相撞都可以，但是把對撞機放在地底下，比較不會因為受到干擾（例如來自太空的小閃光），而看不清楚情況。

起點

氣體從瓶子裡被推向管子，開始出發，然後愈走愈快。

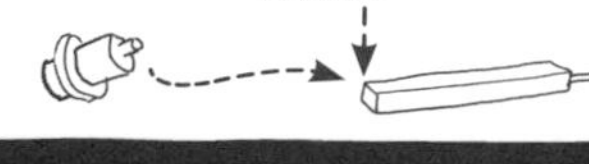

怎麼讓氣體加速？

對撞機用來推動氣體的力量，可以是來自電線的力，或是冰箱磁鐵的那種吸引力。加速器就是用磁鐵這種力來推動氣體的。

加速圓圈

氣體從第一段管子送到這些繞成圓圈的管子，氣體在裡面繞圈圈，被推著加速，愈繞愈快。

沒那麼深

為了比較容易看，這裡畫得比實際來得深。其實對撞機深度只有一棟大樓高，不過它真的有一個大城市那麼大。

門

升降房

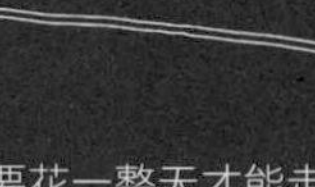

加速圓圈

氣體顆粒在這個大圈裡，飛得幾乎跟光一樣快。

前往地下

氣體顆粒繞完上面的圓圈後，就前往地下的大圈圈。

為什麼要這麼大？

地下這個管子繞了很大一圈，你要花一整天才能走完。如果它不夠大，就沒辦法讓氣體在那麼快的速度下，順著管子轉彎，氣體會撞上管壁，引起爆炸。

出問題，快進來

飛得那麼快的氣體，有很大的能量。萬一必須關掉機器，氣體沒辦法馬上慢下來的話，這時候可以把它引到這個巨大的岩石房，讓它撞上岩石。這樣只有岩石會變熱，不會破壞其他東西。

管子

氣體在管子裡各飛各的。為了避免飛得很快的氣體撞上其他氣體而慢下來，在啟動機器之前，要先把管子裡面的空氣全部抽出來。這台對撞機的管子裡面一片空蕩，比太陽周圍星球上的任何地方都還空。

對撞室

管子沿線有幾個房間，有人會把往相反方向飛的兩股氣體，引到這些房間對撞，再由房間裡的機器幫忙看撞出了什麼。

氣泡和雲霧

這一台對撞機用電腦控制的多層感應器來看撞飛出來的粒子，而以前的對撞機用的是氣泡室或雲霧箱這些奇怪的東西。

氣泡室裡有一個裝滿了熱水的池子，水溫在接近變成水蒸氣的邊緣。當小粒子穿過氣泡室，會讓小水滴變成氣體，然後逐漸變大。於是每顆穿越的粒子會一路留下氣泡的軌跡，形成美麗的圖案。

雲霧箱類似氣泡室，只不過裡面裝的不是快要變成水蒸氣的水，而是快要變成水滴的水蒸氣。粒子穿過水蒸氣，會在飛過的路線留下一串小水滴。

你可以在家裡製造一個雲霧箱，觀察太空來的小粒子留下的痕跡！（或者如果你有重金屬，你可以觀察重金屬的小粒子留下的痕跡，但是你不應該有這些金屬！）

氣泡室

這些線條是許多微小粒子飛過小水滴的痕跡。其中有些是圈圈，這是因為這些地區有冰箱磁鐵產生的那種轉彎推力。我們可以從彎曲的程度，看出它們是什麼粒子。

加速器

這機器產生一種力，推動氣體順著管子轉彎前進，又不會碰到管壁。使勁推動氣體的這股力，是由在很冷的金屬裡，流動得很快很快的能量產生的。

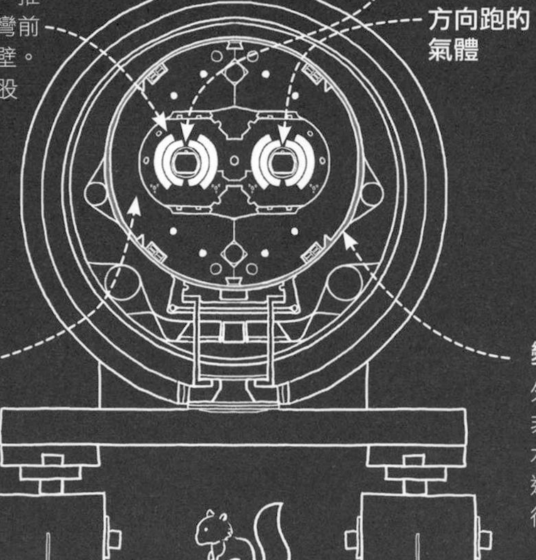

管子裡面
往一個方向跑的氣體
往另一個方向跑的氣體

很冷的金屬

這裡金屬的溫度只比世界上最冷的溫度，高一點點。

變冷的氣體

外面這一層裝的氣體非常冷，冷到變得像水那樣。（如果吸進這種氣體，聲音會變得很好笑。）

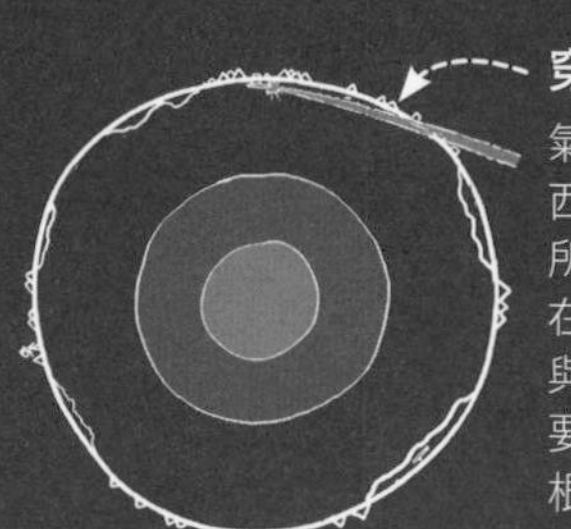

穿越地球的光

氣體顆粒相撞以後，對撞機裡產生很多奇怪的東西。其中一種東西跟光很像，不過它幾乎能穿越所有東西，卻完全不會被碰到。

在地球另一個地方有一座建築物，專門用來觀察與研究這種光。要把這種光送到那座建築物，只要把光對準那裡，穿越地球傳過去就可以了，它根本當地球不存在似的。

電力盒 電池

要了解電力盒怎麼運作並不容易，因為裡面裝滿了水和金屬，而它們做的事情也小到根本看不見，並且我們日常生活裡，又沒有東西跟它們做的事很像，所以我們很難來想像。
要解釋它們如何運作，我們只能發明新的比喻。這些比喻不等於真實的情形，我們也無法看到「真實」情況，但是這些比喻可以解釋它們運作的原理。
這是我們常用的學習方式。雖然這一頁的比喻跟實際情況有一大段距離，但應該有助於了解電力盒的運作方式。

用這個比喻想像電力盒……

電力盒裡面分成兩邊，一邊是貨船工廠，另一邊則是貨船陷阱；兩邊中間是能讓貨船通過的牆。貨船工廠製造出來的貨船，會跑去包住貨船陷阱，接著被陷阱抓住，上面載送的電粒子就一個個掉進貨船陷阱。
但電粒子會互相推開對方，所以沒辦法把太多電粒子聚在一起，因此貨船陷阱不能抓住太多貨船。

- 電粒子
- 載送電粒子的貨船
- 電力（在貨船裡）

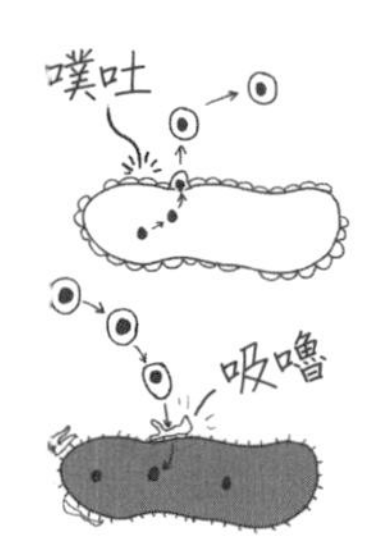

噗吐
吸嚕

貨船工廠

這片金屬想把貨船快快趕走，每當它裡面多了一顆電粒子，就會從表面製造出一艘貨船，把電粒子載走。

貨船陷阱

這片金屬很喜歡貨船，一有貨船靠近，就會牢牢抓住，貨船上的電粒子就這樣掉進它裡面。

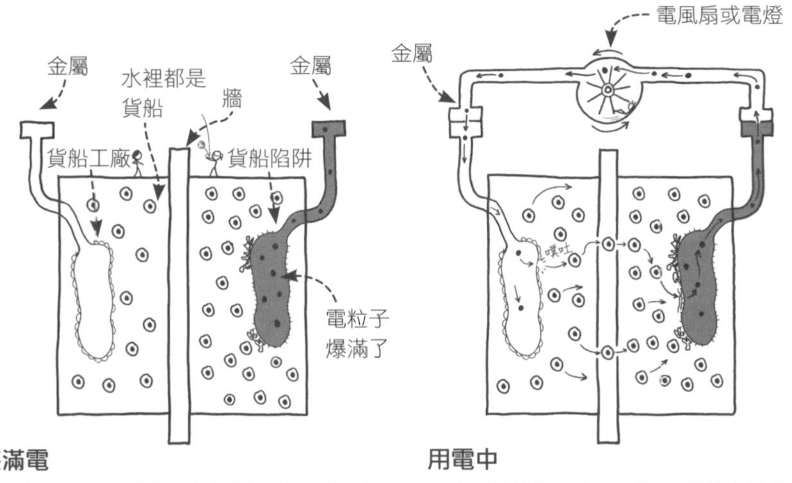

金屬
水裡都是貨船
牆
金屬
貨船工廠
貨船陷阱
電粒子爆滿了
電風扇或電燈
金屬
噗吐

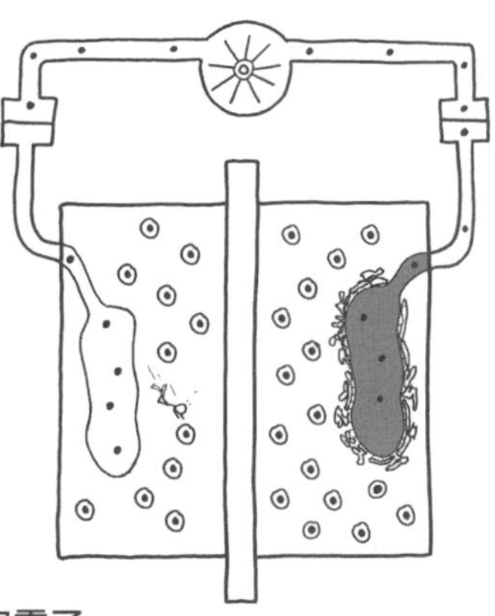

裝滿電

電力盒中間有一道牆隔開兩邊。這道牆只讓貨船通過，電粒子不能獨自通過。這道牆還有個作用：避免貨船陷阱和貨船工廠碰到，否則貨船會全部直接跑到貨船陷阱，一顆電粒子也不帶走。
貨船陷阱會有超多的電粒子聚集，不過一開始時，電粒子哪兒也去不了。

用電中

用金屬線連接電力盒兩邊，貨船陷阱裡的電粒子就會跑到貨船工廠那邊。
如果你在電粒子走的路上放一個機器，例如電燈或電風扇，電粒子會推動機器運轉，就像水轉動水車那樣。
電粒子到達貨船工廠後，貨船工廠就再製造貨船，把電粒子送走。

沒電了

過了一陣子，貨船陷阱表面擠滿了空貨船，貨船工廠也用光製造貨船的材料，電粒子再也沒有動力通過金屬線。這時候電力盒就死啦。
有些電力盒比較特別，你可以重新啟動，把電粒子再灌回電力盒，讓它充滿電力。

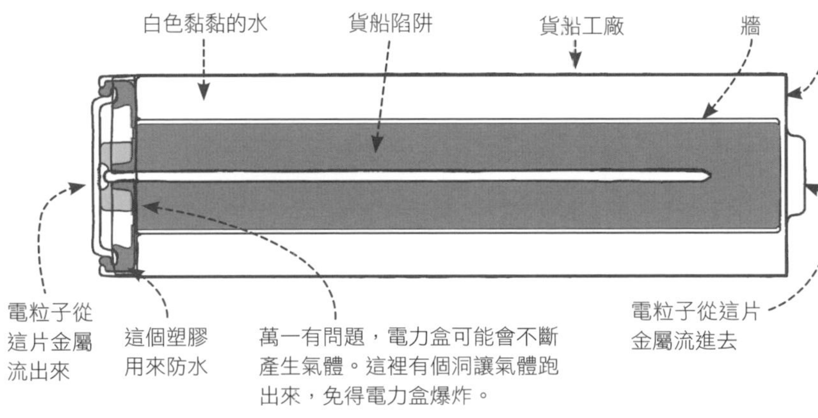

白色黏黏的水
貨船陷阱
貨船工廠
牆
電粒子從這片金屬流出來
這個塑膠用來防水
萬一有問題，電力盒可能會不斷產生氣體。這裡有個洞讓氣體跑出來，免得電力盒爆炸。
電粒子從這片金屬流進去

小型電力盒

這種電力盒用在很多地方，例如手電筒、電動刮鬍刀，還有小孩玩具。
這種電力盒的貨船工廠和貨船陷阱，是用不同的金屬做的。它們之間有一種加了白色東西的水，讓貨船游過去。如果電力盒裂開，這白色黏黏的水會跑出來。別擔心，擦掉就好，它不會傷害皮膚。
電力盒用了一陣子都會沒電力，其中有一些可以反覆把電力灌回去再繼續用，不過左邊畫的這一種可不能這麼做喔！

摔摔看有沒有電

這種電力盒的貨船陷阱是用金屬粉末做成的，貨船陷阱表面擠滿貨船後，把陷阱壓得更緊實，粉末就不會晃動。所以把沒電力的電力盒直直摔在地上，它會彈起來，但是充滿電力的電力盒就不會。

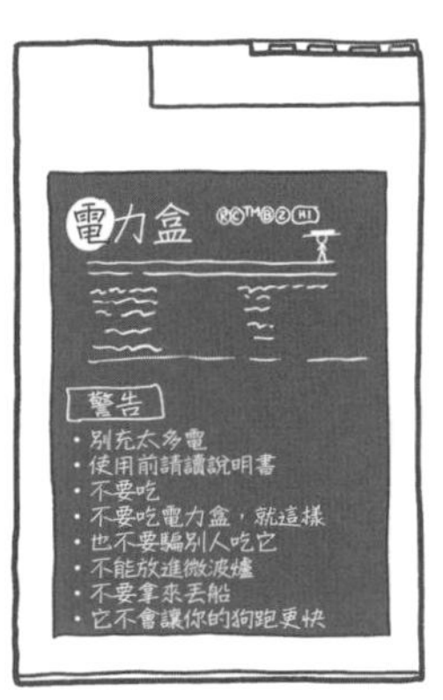

電力盒
警告

手機電力盒

跟同樣大小的其他電力盒比起來，這種電力盒裝了更多電力。一開始，它是要給病人胸部的機器供電的。這種機器一直要用電，病人可不希望動不動就要把機器拿出來。
後來我們製造愈來愈多的手機，把這種電力盒做得愈來愈好，因為大家都想要讓手機用一整天，不必充電。
當然，病人也希望他們心臟用的機器不必停下來，但是有手機的人比有心臟機器的人，多太多了。

如果把這種電力盒切開，看起來會像這個樣子。但是千萬不要切開它們，很可能會爆炸！

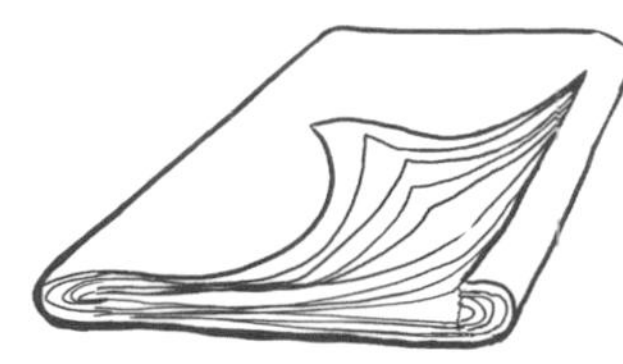

輕金屬

這種電力盒的貨船工廠和貨船陷阱是用非常輕的金屬做的。它們兩個要配合得好，先要一片一片疊起來，彼此近到幾乎要碰在一起，就像把兩張長長的紙放平後再捲起來那樣。

汽車電力盒

汽車用的是這種電力盒（電瓶子），裡面的貨船工廠和貨船陷阱會用到一種很重的金屬，所以才會那麼重。

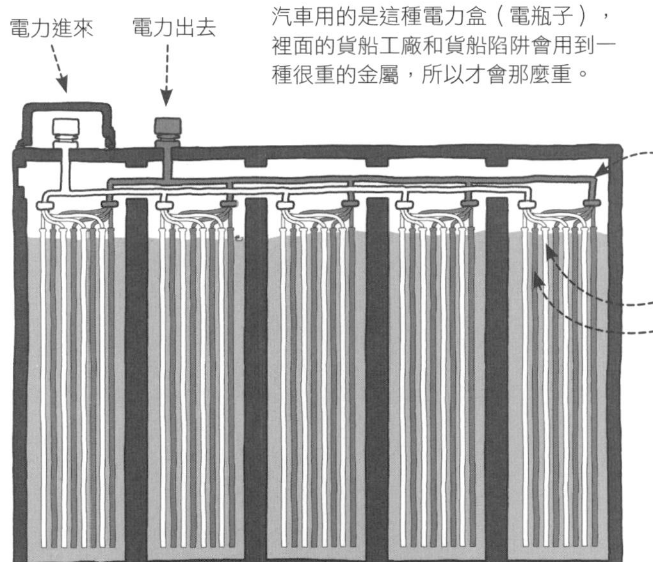

電力進來
電力出去
貨船游的水會燒傷皮膚。
雖然貨船工廠和貨船陷阱是兩種不同的東西，但奇妙的是，當貨船工廠送出貨船，然後貨船包圍貨船陷阱後，這兩種東西最後會變出同一種東西。

專門鑽洞的海上城市 鑽油平臺

地球深處藏了許多坑洞，裡面裝滿火之水和火之氣，那些東西可以當成汽車和飛機的燃料。有些坑洞在地底下，所以我們花了很多力氣去挖火之水。

還有許多坑洞在海底的地板下，要挖到那裡更加困難！不過裡面的東西可以賣很多錢，所以還是有人建造像海上城市般的超級大船，在世界各地到處鑽洞試試看。

在海上城市工作很容易受傷。大型機器一直把很重的金屬搬來搬去，工人要在離海面很高的地方工作。而且，海上城市本來的目的就是要收集很容易燃燒的東西，所以偶爾還會發生火災。

在海上城市工作的人，有一半的時間待在上面，另一半的時間回到陸地。他們通常一到海上城市就待好幾個星期，這段期間有一半的時間都在工作。

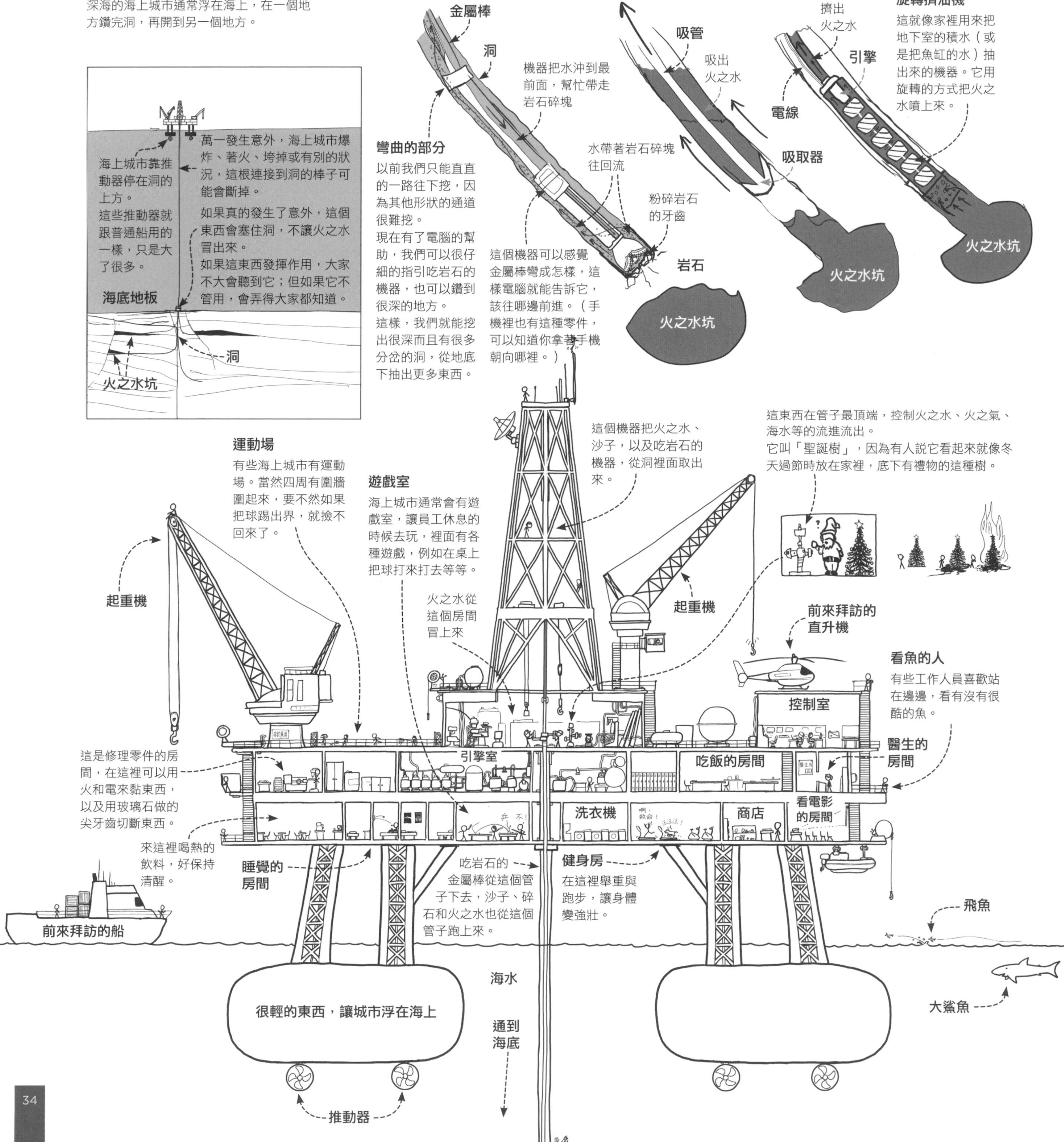

海上城市
有些海上城市像船那樣浮在海上，但有些是用高樓大廈那麼高的腳站在海底。
深海的海上城市通常浮在海上，在一個地方鑽完洞，再開到另一個地方。
海上城市靠推動器停在洞的上方。
這些推動器就跟普通船用的一樣，只是大了很多。
萬一發生意外，海上城市爆炸、著火、垮掉或有別的狀況，這根連接到洞的棒子可能會斷掉。
如果真的發生了意外，這個東西會塞住洞，不讓火之水冒出來。
如果這東西發揮作用，大家不大會聽到它；但如果它不管用，會弄得大家都知道。
海底地板
洞
火之水坑
吃岩石機器桿
把這根長長的棒子插到海底，前端長滿尖牙的輪子會開始轉動，把岩石咬個粉碎，再把碎塊往回送到洞口。
金屬棒
洞
機器把水沖到最前面，幫忙帶走岩石碎塊
彎曲的部分
以前我們只能直直的一路往下挖，因為其他形狀的通道很難挖。
現在有了電腦的幫助，我們可以很仔細的指引吃岩石的機器，也可以鑽到很深的地方。
這樣，我們就能挖出很深而且有很多分岔的洞，從地底下抽出更多東西。
水帶著岩石碎塊往回流
粉碎岩石的牙齒
岩石
這個機器可以感覺金屬棒彎成怎樣，這樣電腦就能告訴它，該往哪邊前進。（手機裡也有這種零件，可以知道你拿著手機朝向哪裡。）
火之水坑
火之水抽取機
這些機器用一根金屬管子把石油吸出來，或是用一台機器把它擠出來。
吸管
吸出火之水
吸取器
火之水坑
由於地球的重量擠壓著洞，有時火之水自己會噴出來。大部分情況下，這倒也不錯，但有時卻會造成大麻煩。
擠出火之水
引擎
電線
旋轉擠油機
這就像家裡用來把地下室的積水（或是把魚缸的水）抽出來的機器。它用旋轉的方式把火之水噴上來。
火之水坑
運動場
有些海上城市有運動場。當然四周有圍牆圍起來，要不然如果把球踢出界，就撿不回來了。
遊戲室
海上城市通常會有遊戲室，讓員工休息的時候去玩，裡面有各種遊戲，例如在桌上把球打來打去等等。
這個機器把火之水、沙子，以及吃岩石的機器，從洞裡面取出來。
這東西在管子最頂端，控制火之水、火之氣、海水等的流進流出。
它叫「聖誕樹」，因為有人說它看起來就像冬天過節時放在家裡，底下有禮物的這種樹。
起重機
火之水從這個房間冒上來
起重機
前來拜訪的直升機
看魚的人
有些工作人員喜歡站在邊邊，看有沒有很酷的魚。
控制室
這是修理零件的房間，在這裡可以用火和電來黏東西，以及用玻璃石做的尖牙齒切斷東西。
引擎室
吃飯的房間
醫生的房間
洗衣機
商店
看電影的房間
來這裡喝熱的飲料，好保持清醒。
睡覺的房間
吃岩石的金屬棒從這個管子下去，沙子、碎石和火之水也從這個管子跑上來。
健身房
在這裡舉重與跑步，讓身體變強壯。
飛魚
前來拜訪的船
海水
很輕的東西，讓城市浮在海上
通到海底
大鯊魚
推動器

地球裡可以燒的東西　化石燃料

幾乎所有生物都依賴太陽的能量。有些生物直接從陽光得到能量，例如樹和一些生長在海裡的東西。其他大部分生物沒辦法吸取陽光，於是就吃別的生物，來得到對方身上的能量。到頭來，所有能量都還是來自太陽。

生物死掉後，剩下來的部分仍然有一些能量，所以我們燃燒死掉的樹，可以得到能量。

有時候，死掉的生物沒被燒掉也沒被吃掉，就帶著剩下的能量埋在地底下。過了很久很久，地底下的死亡生物已經多得不得了，因為受到地球重量的壓迫，地底下又很熱，最後變成了黑岩石、火之水或火之氣等等，但是不管變成什麼，它們的能量都還在。我們挖出這些東西後，可以燃燒它們，得到裡面所有的能量，這些能量可是花很久的時間從太陽收集來的。

我們一開始造出用火來啟動的機器時，就從眼前的樹林砍木頭來燒。等到樹林不夠用了，我們開始燒以前的樹林。

有一天這些都會用光，我們必須從別的地方找到新的能量來源，例如直接來自太陽的能量或地球的熱。

在我們把地底下的東西都燒光之前，可能就要趕快改用不同的能量，因為燃燒那些東西會改變整個大氣，使地球愈來愈熱。如果我們真的把它們都用光，造成的問題恐怕大到我們無法應付了。

怎麼把黑岩石從地底弄出來

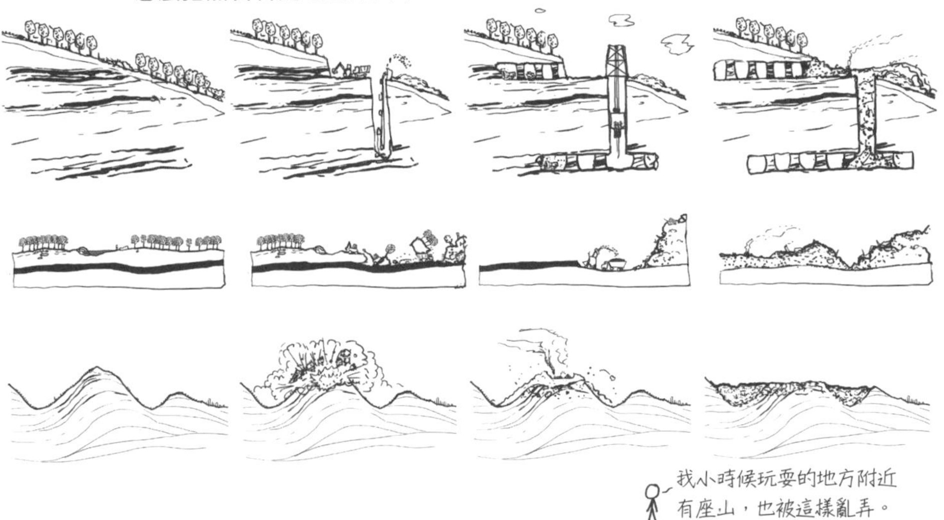

我小時候玩耍的地方附近
有座山，也被這樣亂弄。

黑岩石就是可以燃燒的煤，如果不是在很深的地方，我們可以挖洞下去，用機器把它們弄出來。我們燃燒的煤，大部分都是這麼取得的。

後來我們發明了更大的搬土機器，來把擋路的樹木和泥土都搬走，好得到底下的煤。

有些煤藏在山裡面，一些公司乾脆炸掉山頭，好可以輕鬆拿到它們。

怎麼把火之水和火之氣從地底弄出來

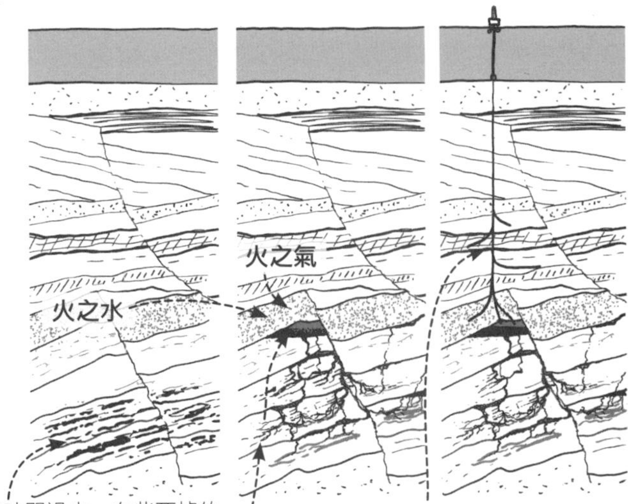

火之氣
火之水

隨著時間過去，有些死掉的生物慢慢變成火之水和火之氣，也就是石油跟天然氣。

它們都比岩石輕，會穿過裂縫往上跑，直到無路可去，才累積形成坑洞。比較輕的天然氣就在坑洞的上半部。

我們向下鑽洞，想找出死了很多生物的地方。一旦找到這些坑洞，就插一根管子下去，把裡面的東西全部抽出來。

這種方式會留下水池，裡面充滿比較重的金屬和奇怪的水，用來取出煤。有時候，你從空中就能看見這些色彩鮮豔的水池。那些公司挖完以後，常常留下這些水池就走了。大家擔心水池裡的東西會對我們有害，因為有些鳥降落在這些水池後就死掉了。

黑岩石

洞

有時候洞會轉彎，挖到了城市下方，是因為不想打擾到那裡的人。

白色的東西

這種白色東西，就像我們加到食物中，讓它變得更好吃的鹽（只不過我們吃的那一種鹽，大部分是海水晒乾得到的）。我們挖這樣的洞來取得白色的鹽，再撒在馬路上，讓冰雪融化。有時候，我們利用這種空間，存放火之水或火之氣，留著以後再燒。

有多深？

只有那些離地面沒有很深的黑岩石，才比較容易取得。最大的問題在於：地底下愈深的地方，岩石愈熱，愈難挖出很多黑岩石。如果岩石太熱，要花很大的功夫挖，就划不來了。

還有別的問題。為了把黑岩石運出來，必須在地底下切出許多大房間，但是上方堆太多岩石時，房間的天花板就很難撐住。有時候，天花板會垮下來，壓死很多人。

洞

一層一層不同年代的岩石

火之水

地底裂開的地方

奇形怪狀

海乾掉後，會留下很多白色的東西，而且有時候，會有泥土和沙子蓋住。白色東西上方的地層變重後，會讓白色東西往上冒，穿過上面的地層。最後形狀就像天花板上快滴落的油漆，只不過是往上滴。

很深的坑洞

我們取得火之水和火之氣的地方，比挖黑岩石的地方還要更深。但因為它們已經形成坑洞，又很容易穿過小洞，所以我們只要鑽一個很細的洞，就可以把它們抽出來，而不用移走它們四周的岩石。

讓岩石裂開

我們愈來愈難找到又大又好挖的火之水坑洞，只好努力想各種新方法把火之水從地底下弄出來。後來我們發現，有一些岩石裡面也包著火之水和火之氣，我們把水強力灌進地下，使岩石裂開，再塞入小石頭或玻璃撐住裂縫，裡面的火之水和火之氣就會從這些裂縫跑出來。

在岩石裡面弄出這麼多這樣的洞，我們以後喝地下水時，有可能也喝到用來取出火之水的東西。因為現在有的沒的東西，也都能穿過這些新的裂縫了。

火之水

火之氣（在火之水上方）

很深很深的洞

高高的路 橋

地球把人拉住，使我們無法離開地球表面。我們喜歡散步，但有時候地面卻延伸到我們去不了的地方，例如河流下或坑洞裡。我們無法越過這些地方，因為我們只能沿地面走。（鳥兒就沒這限制，因為牠們能拍動空氣飛翔。有部電影裡的主角唱著：「鳥兒天上飛，為何我不能？」答案是：「你太大隻，又沒翅膀。」）如果我們一定要過去，只能蓋比地面還高的路來橫越這些地方。在坑洞上蓋一條不長的路，還滿容易的，但是要蓋長長的路就不簡單了。

坑洞

有時候你要去一個地方，但是你不想貼著地面走。

路

如果坑洞不大，你只要放一塊板子，蓋出一條新路，然後再從板子上走過去。

長路

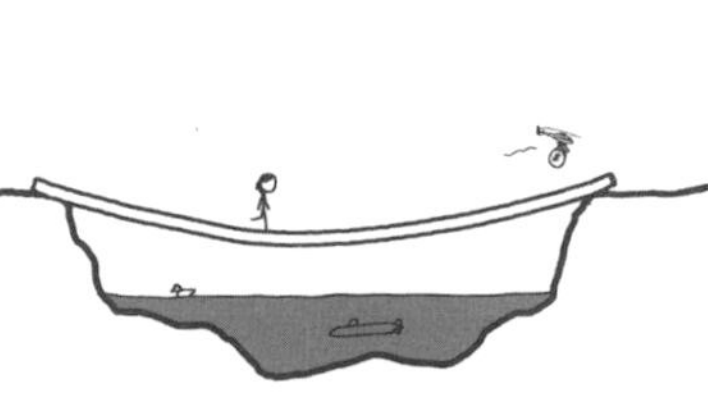

如果坑洞很大，你就要放更大的板子。更大的板子雖然更長、更堅固，但是也更重，而且有時很重卻不堅固。

更長的路

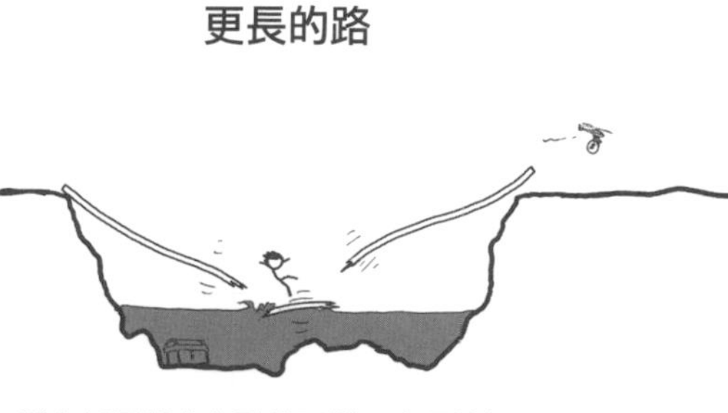

所有板子都會有點往下彎，愈長的板子彎得愈厲害。當你的重量壓在一個很長的板子上，可能會讓它斷掉，有些更長的板子甚至會被自己的重量壓斷。

會彎折的路

如果路可以彎折而不斷掉，就能讓你越過很大的坑洞。我們可以把很多小板子串在一起，然後掛起來，這樣就算彎折了也不會怎樣，而且能承受更多重量。
這種路愈往下彎愈堅固，卻也愈難走。如果彎得太低，還不如直接走下洞裡算了。

厚厚的路

如果你把板子加厚，也可以越過很大的坑洞。愈厚的板子愈難弄彎，因此這樣的路會更堅固。

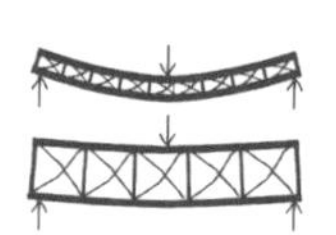

高高的路

照理說，加厚的部分好像要放在下面才對，因為這樣才會把路撐起來，我們平常都是從下面把東西撐住的。
但如果路主要是因為加厚才變堅固，那麼把加厚的部分放在上面，一樣行得通。

吊在更堅固形狀下的路

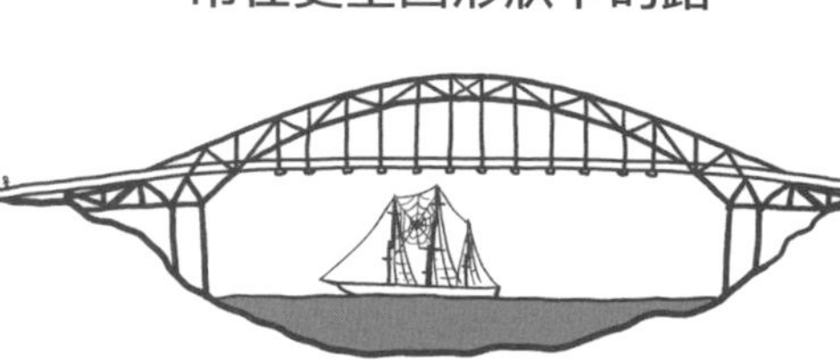

既然增加的部分只是為了把路撐起來，那就不一定要跟路放在一起。我們可以把堅硬的金屬做成堅固的形狀，高高的越過坑洞。當然，如果路彎成這樣會很難走，所以我們用堅固的金屬繩子吊著路，讓人能直直走過去。

吊著的路很麻煩

用這種方法把路吊起來要很小心。這些高高的路雖然不會讓地球拉得掉下去，但是風卻會把它吹得左右搖晃。
有些路就因為蓋的人不知道風這麼厲害，結果就被風吹垮了。

吊在柱子上的路

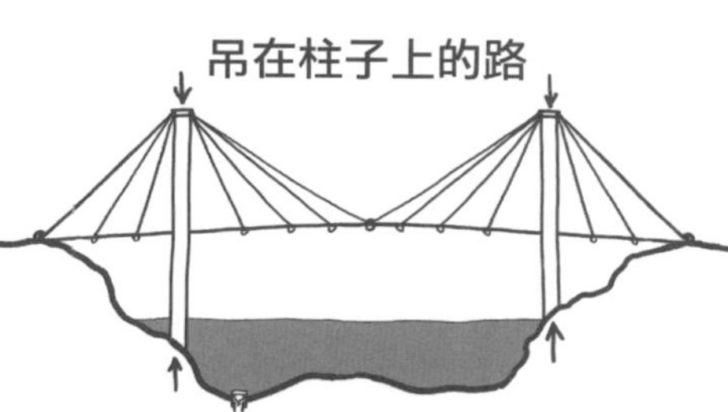

還有一個把路撐起來的方法，是建造巨大的柱子，然後從柱子頂端把路吊起來。這裡用的繩子必須比其他把路吊起來的繩子更堅固，而且柱子也要真的非常牢固。這方法還有個好處：因為只有兩根柱子，所以比較容易建造。

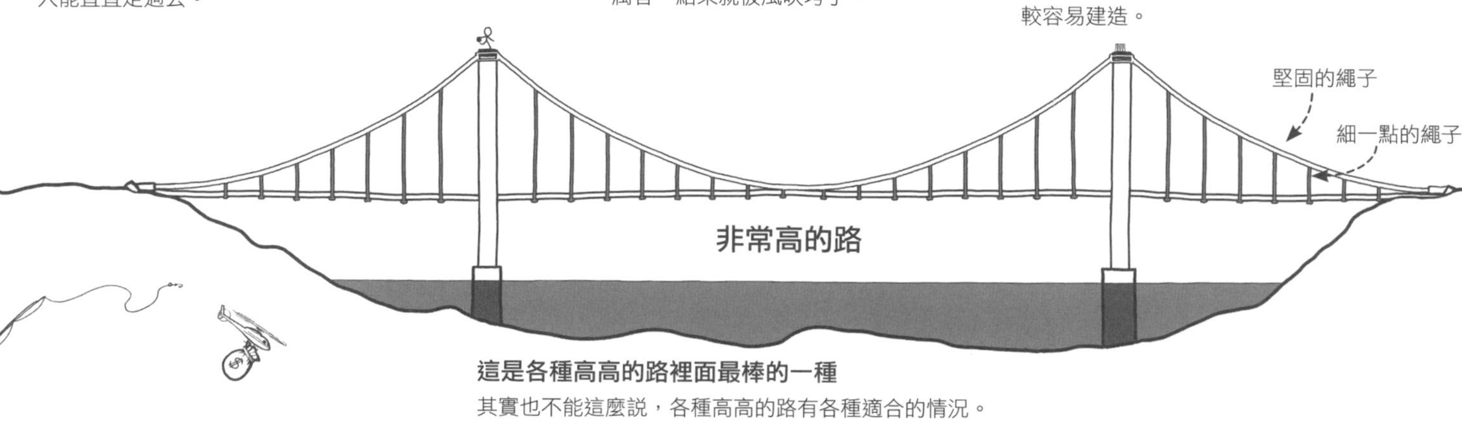
堅固的繩子
細一點的繩子
非常高的路

這是各種高高的路裡面最棒的一種

其實也不能這麼說，各種高高的路有各種適合的情況。
但是當你需要越過很大的坑洞，大部分的時候，這種形狀的路可以跨得更長。

在其他星球上，如果有高高的路……

有一個非常聰明的人（他做了一件很有名的事，把地球形容為「暗淡藍點」）曾經在他的書中，針對這些高高的路，說了一些很有意思的話。
他指出，這些非常高的路要由空間和時間的定律來決定形狀，這些定律說明了地球的重量怎麼拉住所有東西，而這些定律無論在什麼地方都一樣。
因此，如果其他星球上有生命，那麼最適合他們的路的形狀，應該會跟最適合我們的一樣。他們如果看到我們的高高的路，應該會覺得很熟悉。
他說的可能對，也可能不對。我們不知道別的星球上到底有沒有生命。就算有，也許他們根本不蓋路，也許他們的生活方式完全超乎我們想像。
但是，如果他們需要越過坑洞的話呢……
如果他們跟我們一樣，可以蓋出各種形狀的東西……
而且，如果他們把路撐起來時也發現了問題……
那麼，他們蓋出來的高高的路，很可能跟我們的很像。
我喜歡這個想法，因為現在每當我看著一段高高的路，就會覺得很開心。我會想到，也許在很遠很遠的時空外的某個地方，也有一個人看著一段高高的路，心裡想著在相隔很遠的一些星球上，這種東西會是什麼樣子，而且可能也在猜想我長什麼樣子。

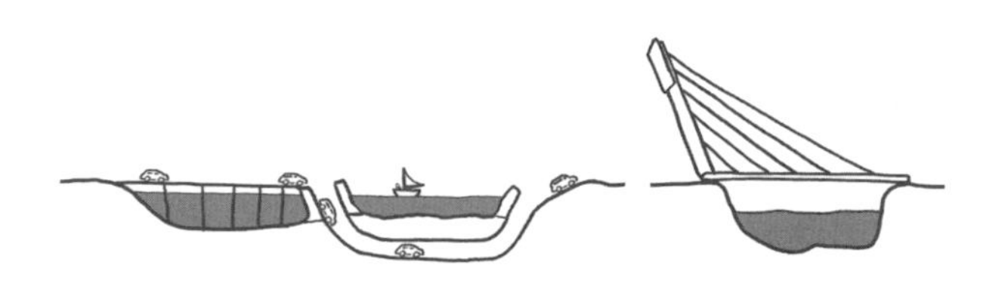
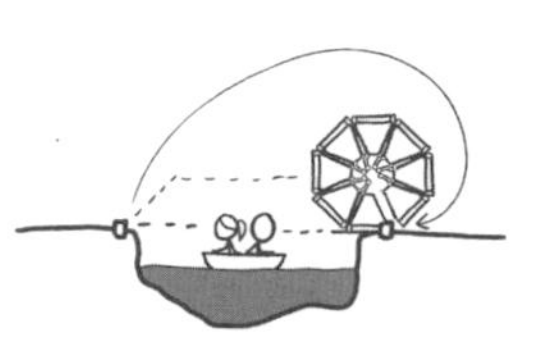
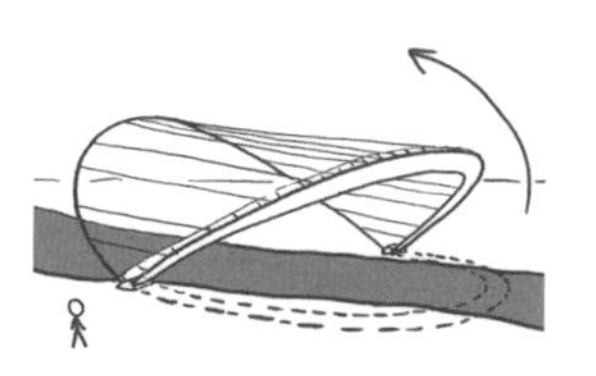

可以折疊的電腦 筆記型電腦

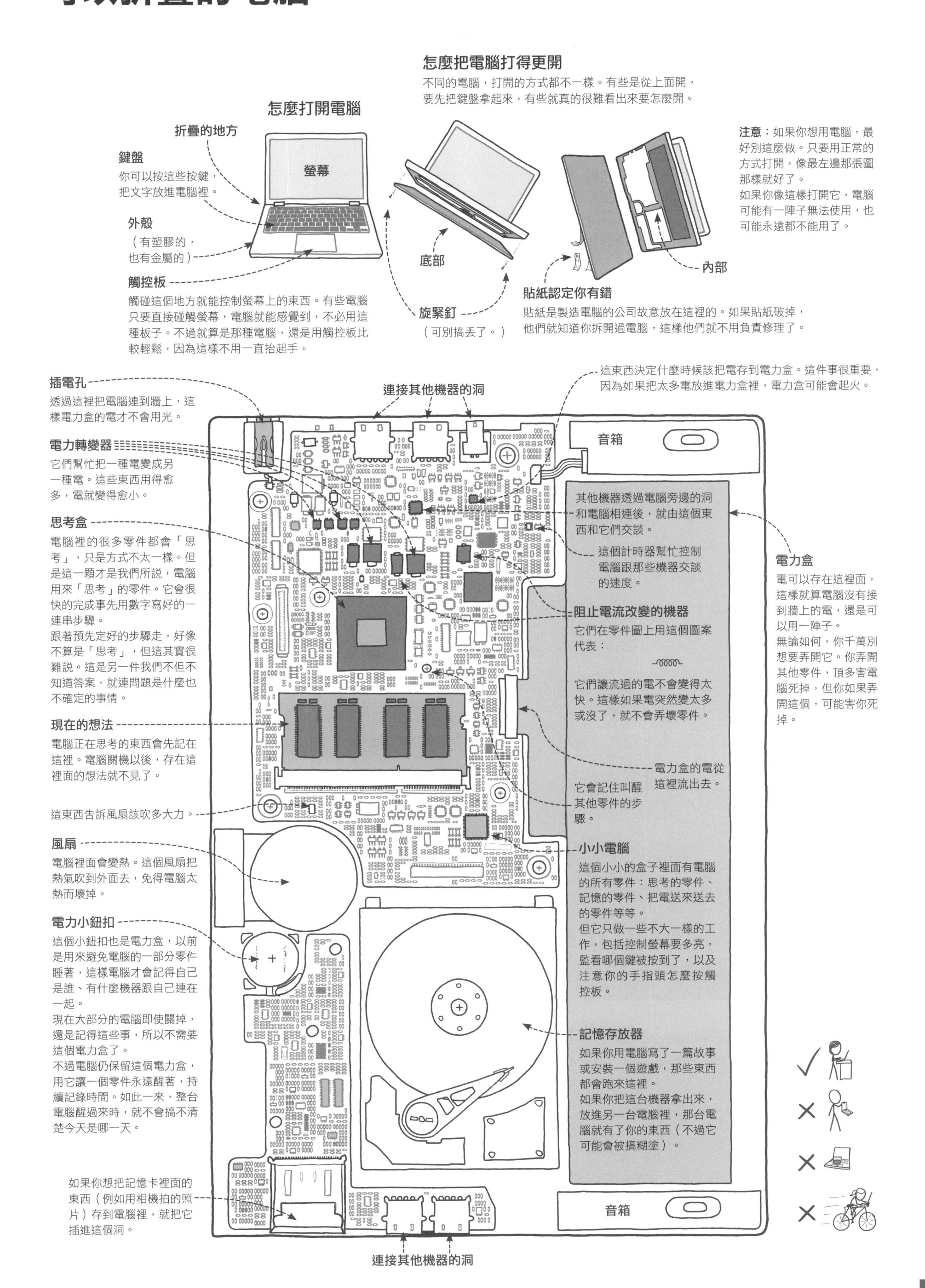

怎麼打開電腦
折疊的地方
鍵盤
你可以按這些按鍵，把文字放進電腦裡。
螢幕
外殼
（有塑膠的，也有金屬的）
觸控板
觸碰這個地方就能控制螢幕上的東西。有些電腦只要直接碰觸螢幕，電腦就能感覺到，不必用這種板子。不過就算是那種電腦，還是用觸控板比較輕鬆，因為這樣不用一直抬起手。
怎麼把電腦打得更開
不同的電腦，打開的方式都不一樣。有些是從上面開，要先把鍵盤拿起來，有些就真的很難看出來要怎麼開。
底部
旋緊釘
（可別搞丟了。）
貼紙認定你有錯
貼紙是製造電腦的公司故意放在這裡的。如果貼紙破掉，他們就知道你拆開過電腦，這樣他們就不用負責修理了。
內部
注意：如果你想用電腦，最好別這麼做。只要用正常的方式打開，像最左邊那張圖那樣就好了。
如果你像這樣打開它，電腦可能有一陣子無法使用，也可能永遠都不能用了。
插電孔
透過這裡把電腦連到牆上，這樣電力盒的電才不會用光。
連接其他機器的洞
這東西決定什麼時候該把電存到電力盒。這件事很重要，因為如果把太多電放進電力盒裡，電力盒可能會起火。
音箱
電力轉變器
它們幫忙把一種電變成另一種電。這些東西用得愈多，電就變得愈小。
其他機器透過電腦旁邊的洞和電腦相連後，就由這個東西和它們交談。
這個計時器幫忙控制電腦跟那些機器交談的速度。
思考盒
電腦裡的很多零件都會「思考」，只是方式不太一樣。但是這一顆才是我們所說，電腦用來「思考」的零件。它會很快的完成事先用數字寫好的一連串步驟。
跟著預先定好的步驟走，好像不算是「思考」，但這其實很難說。這是另一件我們不但不知道答案，就連問題是什麼也不確定的事情。
電力盒
電可以存在這裡面，這樣就算電腦沒有接到牆上的電，還是可以用一陣子。
無論如何，你千萬別想要弄開它。你弄開其他零件，頂多害電腦死掉，但你如果弄開這個，可能害你死掉。
阻止電流改變的機器
它們在零件圖上用這個圖案代表：
它們讓流過的電不會變得太快。這樣如果電突然變太多或沒了，就不會弄壞零件。
現在的想法
電腦正在思考的東西會先記在這裡。電腦關機以後，存在這裡面的想法就不見了。
電力盒的電從這裡流出去。
它會記住叫醒其他零件的步驟。
這東西告訴風扇該吹多大力。
風扇
電腦裡面會變熱。這個風扇把熱氣吹到外面去，免得電腦太熱而壞掉。
小小電腦
這個小小的盒子裡面有電腦的所有零件：思考的零件、記憶的零件、把電送來送去的零件等等。
但它只做一些不大一樣的工作，包括控制螢幕要多亮，監看哪個鍵被按到了，以及注意你的手指頭怎麼按觸控板。
電力小鈕扣
這個小鈕扣也是電力盒，以前是用來避免電腦的一部分零件睡著，這樣電腦才會記得自己是誰、有什麼機器跟自己連在一起。
現在大部分的電腦即使關掉，還是記得這些事，所以不需要這個電力盒了。
不過電腦仍保留這個電力盒，用它讓一個零件永遠醒著，持續記錄時間。如此一來，整台電腦醒過來時，就不會搞不清楚今天是哪一天。
記憶存放器
如果你用電腦寫了一篇故事或安裝一個遊戲，那些東西都會跑來這裡。
如果你把這台機器拿出來，放進另一台電腦裡，那台電腦就有了你的東西（不過它可能會被搞糊塗）。
如果你想把記憶卡裡面的東西（例如用相機拍的照片）存到電腦裡，就把它插進這個洞。
音箱
連接其他機器的洞

黑暗星球
在吹著強烈冷風的海王星之外，有一大堆由冰組成的小星球，它們繞著遙遠之外的太陽慢慢的轉。

航海家一號
當很早出發的一艘太空船發現，有一顆月球有雲包圍時，我們實在太驚訝了，於是叫航海家一號改變計畫，飛到有雲的月球去看個究竟。這讓它脫離原先要到其他星球的路線，飛往外太空去了。目前它是人類做過的所有東西中，離家最遠的。

航海家二號
航海家二號是唯一拜訪過最外面這兩顆星球的太空船。

這顆星球離太陽很遠，上面有最冷的大氣和最強的風。我們叫它海王星。

這兩顆有風有氣的星球，比「大傢伙」跟「有呼拉圈」的那兩顆小。它們的空氣裡多了一些不同的水，所以看起來更藍。這顆冷氣星球，我們叫它天王星。

冷風星球

冷氣星球

大傢伙星太空船
這艘太空船拜訪過木星這個大傢伙以及它的好幾顆月球。它完成任務後，我們叫它衝向木星，讓它在大傢伙的大氣中燒光，就像以前有些火箭掉回地球那樣。
我們必須這麼做，如果不這麼做，它會撞上其中一顆月球，把地球上的微小生物撒在那裡。我們不知道那裡有沒有生物，萬一有的話，我們可不希望那些生物在我們還沒發現之前，就已經讓我們的微小生物害死了。

迷路星球
這顆星球很奇怪。它本來自己繞著太陽轉，後來有一天太靠近冷風星，就給拉過來，從此待在這裡。

滿臉陳年痘痘的月球
這顆月球曾經遭到很多太空石頭撞擊，因此表面布滿了圓形的坑洞，就像我們的月球那樣。

這兩顆星球充滿氣體和水，只有中心是岩石。

有呼拉圈的土星
所有大型氣體星球都有薄薄的圈圈。不過土星的圈圈又大又亮。

呼拉圈星太空船
它前往土星做進一步調查，同時也更仔細觀察有雲的月球。

巨大月球
這是太陽周圍最大也最重的月球。

有雲的月球
這顆小星球很特別，它是唯一有厚厚的雲蓋住的月球，而且那裡的大氣比地球的還厚。如果它的空氣就是我們呼吸的那種，該有多好，只可惜不是。

「大傢伙」木星
這是太陽周圍最大的星球，大部分都是氣體組成的。它的一些月球幾乎跟地球一樣大。

臭臭的黃色月球
這顆月球有五顏六色，但不是很好看。它看起來有點像火球，卻更像是從某個人嘴巴吐出來的食物。覆蓋在這顆月球表面的東西，聞起來就像壞掉的食物。

冰水月球
它外面是冰，裡面比較溫暖，所以冰底下是水。
因為有溫水，所以很多人很想看看那裡有沒有生物。我們不知道到底有沒有，但如果有的話，我們很想多了解一點。

有特殊引擎的太空船
這個太空船靠一種特殊的引擎推動，動力來自太陽。它曾拜訪火星和木星之間的兩顆小星球。
它也是第一個曾經在紅色火星和大傢伙木星上空，都停留了一陣子的太空船。

月球
其他月球都另外有名字，但是我們的月球就叫做「月球」或「月亮」。有幾個人曾經到過上面。
我們不確定月球是從哪裡來的。有人猜可能是地球在很年輕的時候，遭到一顆星球撞擊，飛出很多碎片，這些碎片最後合在一起，形成了月球。
不過我們還不確定就是這樣。

紅色火星

紅色火星太空車

我們的地球
這裡有動物、樹木和藍天。
你應該也是住在這裡，要離開這裡非常困難。

天空火熱的金星
這顆星球跟我們的地球差不多大，不過熱多了。一個原因是它離太陽比較近，另一個原因是它的空氣比地球更多，就像穿著厚外套那樣，可以保暖。
過去有人以為上面很適合居住，但是如果你真的到了那裡，會遇到很多問題。
那裡的空氣真的非常熱，你一降落就會著火，再也回不了家。那裡的空氣非常重，你降落後，會發現自己像在深海底下。天空好像壓在你身上，讓你變得愈來愈小，最後你再也回不了家。那裡的空氣不是我們呼吸的那種，只要你吸了一口氣，就不用回家了。那裡的空氣裡充滿一種會傷害皮膚的水分，你碰到了可能還可以回家，只是皮膚就沒了。

岩石小水星
水星很難觀察，因為它離太陽太近了。它旋轉得很慢，所以白天那一邊非常熱，夜晚那一邊非常冷。

太陽
太陽是會發光的星星。它是距離我們最近的星星，所以看起來比其他星星還大、還亮。不過事實上，它的確比很多星星還大、還亮。
有一陣子，我們以為太陽比其他星星都小，因為我們過去看到的星星大多比它大。但結果是有一大堆星星太暗了，我們很難看到。

太陽周圍的星球　太陽系

我們附近最巨大的東西就是太陽了；我們居住的地球和周圍的所有東西都繞著它轉。有些繞著太陽轉的星球很大，它們也有自己的「月球」，「月球」就是繞著它們轉的小星球，就像它們自己繞著太陽轉那樣。

我們從過去到現在的歷史，全都發生在這張圖裡，其中絕大部分發生在從太陽數過來的第三顆星球上。你現在一定就在這張圖裡的某個地方！

……應該是吧。不過有時候書會流傳很久很久，也許你是在我寫完這本書的幾百年後才看到這些文字，而你的人已在這張圖之外的某顆星球或某艘太空船上。

如果真是這樣，那我剛剛就說錯了。但是，我會很高興被這麼酷的原因打臉！我真希望你能告訴我，你看到的景象。

紅色火星

火星還很年輕的時候，上面曾經有海洋，但現在它變冷了，海洋也不見了。火星之所以是紅色的，是因為土裡面有鐵，時間久了鐵就變成紅色了。這就像你在地球上，把舊鑰匙或卡車丟在外面不管，一陣子之後它們就會變成紅色的一樣。

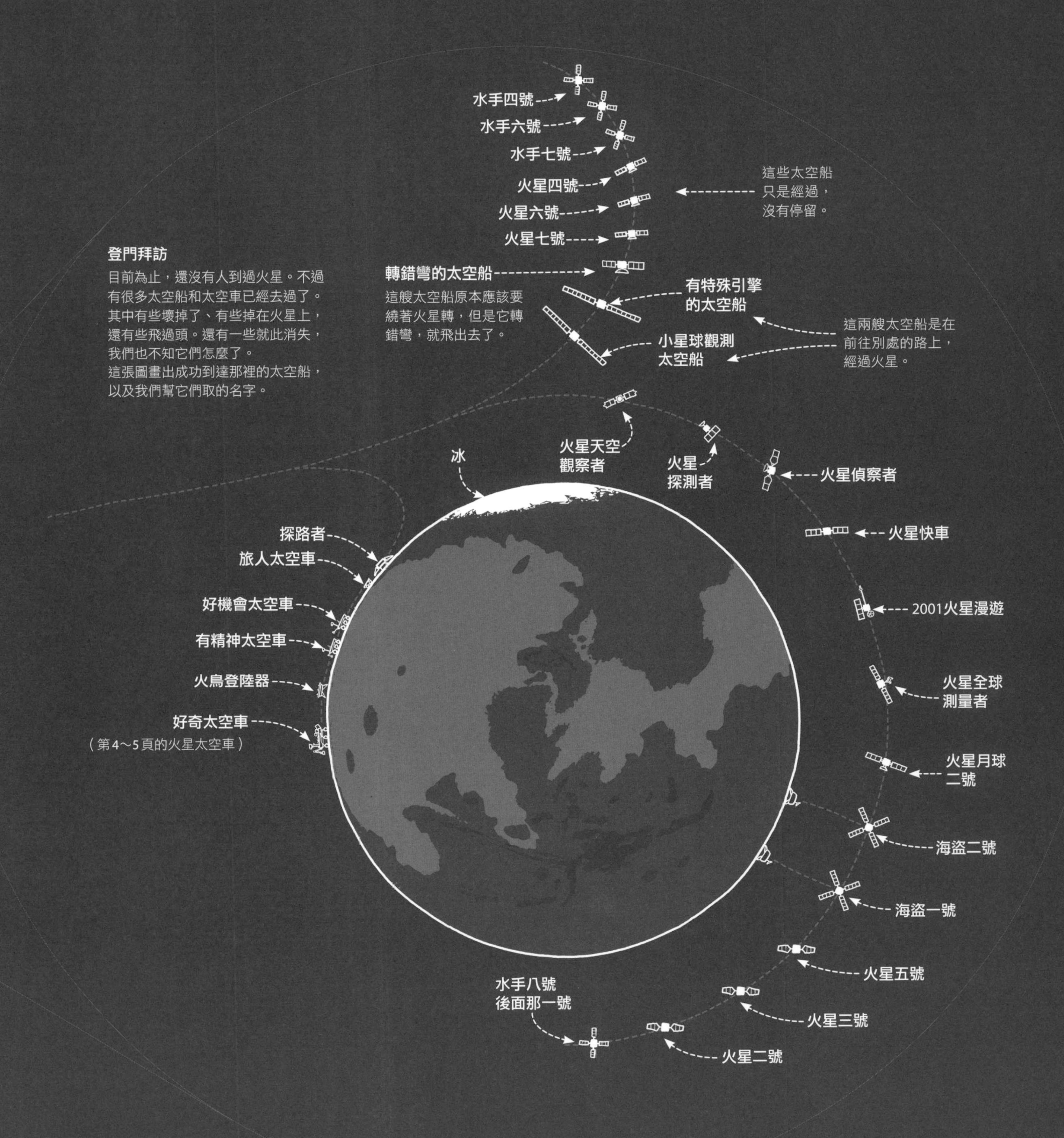
水手四號
水手六號
水手七號
火星四號
火星六號
火星七號
這些太空船
只是經過，
沒有停留。
登門拜訪
目前為止，還沒有人到過火星。不過有很多太空船和太空車已經去過了。其中有些壞掉了、有些掉在火星上，還有些飛過頭。還有一些就此消失，我們也不知它們怎麼了。
這張圖畫出成功到達那裡的太空船，以及我們幫它們取的名字。
轉錯彎的太空船
這艘太空船原本應該要繞著火星轉，但是它轉錯彎，就飛出去了。
有特殊引擎
的太空船
這兩艘太空船是在
前往別處的路上，
經過火星。
小星球觀測
太空船
冰
火星天空
觀察者
火星
探測者
火星偵察者
火星快車
2001火星漫遊
火星全球
測量者
火星月球
二號
海盜二號
海盜一號
火星五號
火星三號
火星二號
水手八號
後面那一號
探路者
旅人太空車
好機會太空車
有精神太空車
火鳥登陸器
好奇太空車
（第4～5頁的火星太空車）

影像記錄器 照相機

你看著一個東西時，光線從它身上進入你的眼睛，然後在你的腦中形成影像，讓你知道這個東西的形狀和顏色。
人類在學會寫字之前，早就用畫圖的方式，把腦中的想法轉為影像。影像除了幫助我們記得看過的東西與想過的念頭，也讓這些想法可以進入別人的腦袋。
我們從一百年多前開始發明可以直接把光線變成影像的機器。有了它，每個人都能輕鬆的記錄影像，而現在這也成為我們和別人交流、分享的主要方式。

好，笑一個！

光影紙

有些特別的紙在光線照射下會變色，影像記錄器從很早以前就開始用這些紙了。
不過，只用這種紙沒辦法產生影像。你如果把它對著朋友，那麼從他們身上每個地方過來的光，會打到這張紙的每個角落，結果整張紙只會出現同一個顏色。（除非你把紙拿得非常靠近想照的東西，讓紙上每個小點只會照到東西上某個小點射過來的光，但這樣不太行得通。）

每個人都只顧著拍照，沒在欣賞風景，真是討厭！
你還不是顧著批評，沒在欣賞風景。

形狀

要成功製造某樣東西的影像，你必須控制光線，讓光影紙上的某一點，只會收到東西上特定一點的光。
一個方法是用牆壁擋住光線所有的路線，只留一個小洞讓光線通過。（這會使得影像顛倒，不過沒關係，你再轉過來就好了。）

更多光線

留個洞雖然行得通，但因為小洞只能讓一點點光穿過，所以要等很久才有足夠的光，能在紙上記錄影像。
把洞挖大一點，可以讓多一些光通過，但這樣一來，許多來自同一個小點的光又會在紙上散開，形成模糊的影像。

把光折彎

如果讓通過洞的所有光，都彎向它應該去的位置，就不會在紙上留下模糊的影像了。
但要怎麼折彎光線？我們可以用水和玻璃，光通過它們都會轉彎。

特殊的形狀

把玻璃切成適當的形狀，做成讓光線轉彎的鏡片，可以捕捉許多光線，讓從各方向進來的光線轉彎，射到紙上正確的位置。
不過單單靠一個光線轉彎鏡片，只能拍出簡單的影像，而且還會有點模糊，也不夠亮。要拍出清楚的影像，必須加入更多轉彎鏡片，才能更精準的控制光的路線。

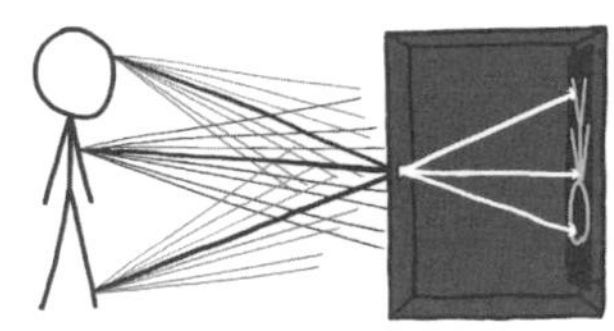

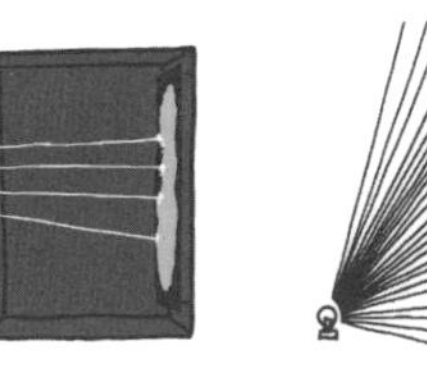

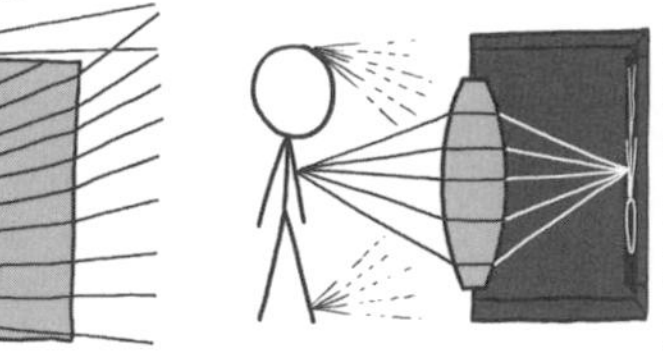

大部分影像記錄器的轉彎鏡片都是玻璃做的，因為它比水容易切割成形。
不過有人正在發明水做的轉彎鏡片，用電腦控制它的形狀，這樣不需要很多零件就能控制光的方向。

又來了……

高級影像記錄器

就算是很小或很遠的東西，這種記錄器也可以記錄得非常清楚。
我們的眼睛在看很小和很遠的東西時，比大部分影像記錄器看得清楚。但這種高級影像記錄器的轉彎鏡片很大，可以讓更多光線通過，所以看得更清楚。

為什麼要這麼多轉彎鏡片？

原因有很多，其中最重要的是，光穿過玻璃時，有些顏色的光比其他顏色的光彎得更厲害；於是影像中有些顏色很明確，但有些顏色卻散開了。而不同的玻璃讓顏色散開的方式也不一樣，所以我們可以讓光穿過一種玻璃後，再穿過另一種玻璃……，用很多種玻璃，就可以讓各種顏色都出現在正確的位置。

電力盒

拍照要用很多電，所以照相機通常需要一種特別的電力盒。

記憶卡

你拍的影像都存在這裡。

觀看頭

影像記錄器前面凸出來的部分，是用來收集光線的。你想拍不同影像時，可以把它整個拆下來，換上別種觀看頭。

影像窗戶

記錄影像時，這個窗戶會打開再關上，讓光線照到接光器上。它有上下兩片窗簾；一開始，底下那片先降下去，光線照到接光器後，上面那片再降下來遮住窗戶。如果只用底下那片窗簾，讓它先上升再下降，接光器上半部照到光線的時間，就會比下半部來得長。

接光器

以前這是用紙做的，但現在的電腦影像記錄器（就像這一台）都改用一種電腦板子，上面有密密麻麻的小點可以感覺光線。它們告訴電腦收到了怎樣的光，電腦再把這些資料組合成影像。

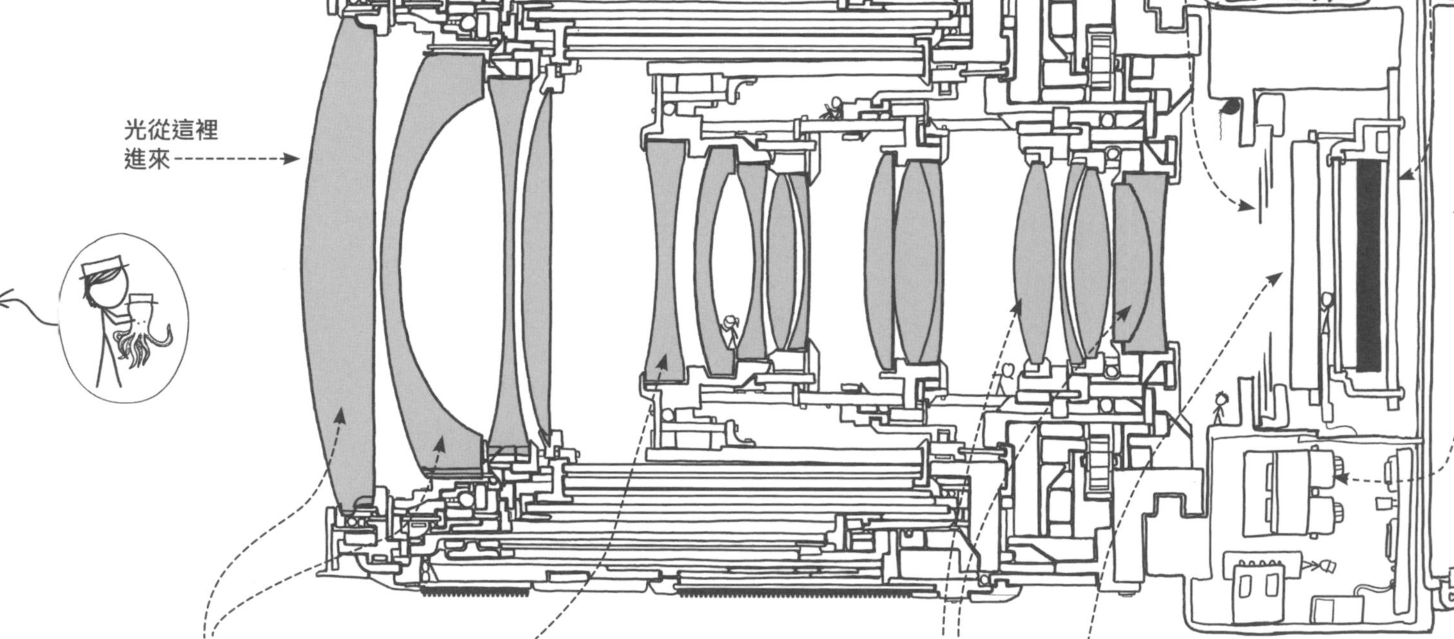
光從這裡
進來

螢幕

你可以在這上面看到接光器現在看到什麼。你也可以用它看之前記錄的影像，決定要不要留著。
有些影像記錄器還留個洞（或用小窗戶假裝有一個洞），但其實那個洞是用鏡子（或另一個螢幕）讓你看到觀看頭看到的東西。

閃光燈

萬一光線太暗，拍不出好的影像，它會在影像窗戶打開的那一瞬間，照亮前方。不過它發出的閃光可能會在影像上留下奇怪的陰影，所以很多人都盡量不用它。

前方轉彎鏡片

它們抓住所有光線，再一起送到後面，交給其他轉彎鏡片處理。

拉近／推遠轉彎鏡片

這些轉彎鏡片控制影像上的東西看起來多近或多遠。鏡片往前滑動，會把遠方的小東西拉近放大，往後則會看到更廣的範圍。

集中轉彎鏡片

它們負責把光線集中起來，讓後面的接光器組成影像。

不用鏡子

高級影像記錄器會在這裡多裝一面鏡子，讓你從上面的洞，透過觀看頭，看到影像會是什麼樣子。拍照時，很吵的喀擦一聲，就是鏡子翻動，好讓光線跑到後面的聲音。
不過，現在愈來愈多影像記錄器都改成讓你直接在螢幕上看影像了。

外型改變

影像記錄器的外型一直在改變。後面的身體部分愈來愈小，但高級的影像記錄器，前面的觀看頭仍然很大。身體裡面負責存放影像和電力的工作，已經由很小的電腦取代，但電腦還沒辦法做前面讓光線轉彎的部分。
很快就會有人用智慧型手機當影像記錄器的身體，再把觀看頭黏在手機上，拍出很棒的影像。

抖掉灰塵的窗戶

即使照相窗戶上只沾到一顆很小的灰塵，也會使得記錄的影像不好看。普通影像記錄器的影像窗戶鎖在裡面，不會沾到灰塵。但是可以拆換大觀看頭的影像記錄器，灰塵就可能跑進去。
為了避免灰塵影響記錄的影像，影像窗戶前面還有一個窗戶，上面有一個震動器。震動器讓窗戶快速抖動，把黏到上面的灰塵都抖下來。

看了你的影像，我們還以為你不會用影像記錄器。

不，我本來就長這樣。

寫字用的棒子 鉛筆和原子筆

以前大家都是用各式棒子來寫字，現在大部分人改用鍵盤來寫東西，這樣寫起來通常快多了。我們現在每天寫的字雖然比以前還多，卻愈來愈少用棒子。

有些人還在用下面這些棒子，但不是拿來寫字，而是做別的事。

例如，靠畫畫過活的人或許不再拿紙來畫畫，但是他們大部分仍然用棒子來控制線條該怎麼走。（這本書的圖都不是畫在紙上，但全是用棒子畫出來的。）

或許有一天，我們連畫圖也不再用棒子了。

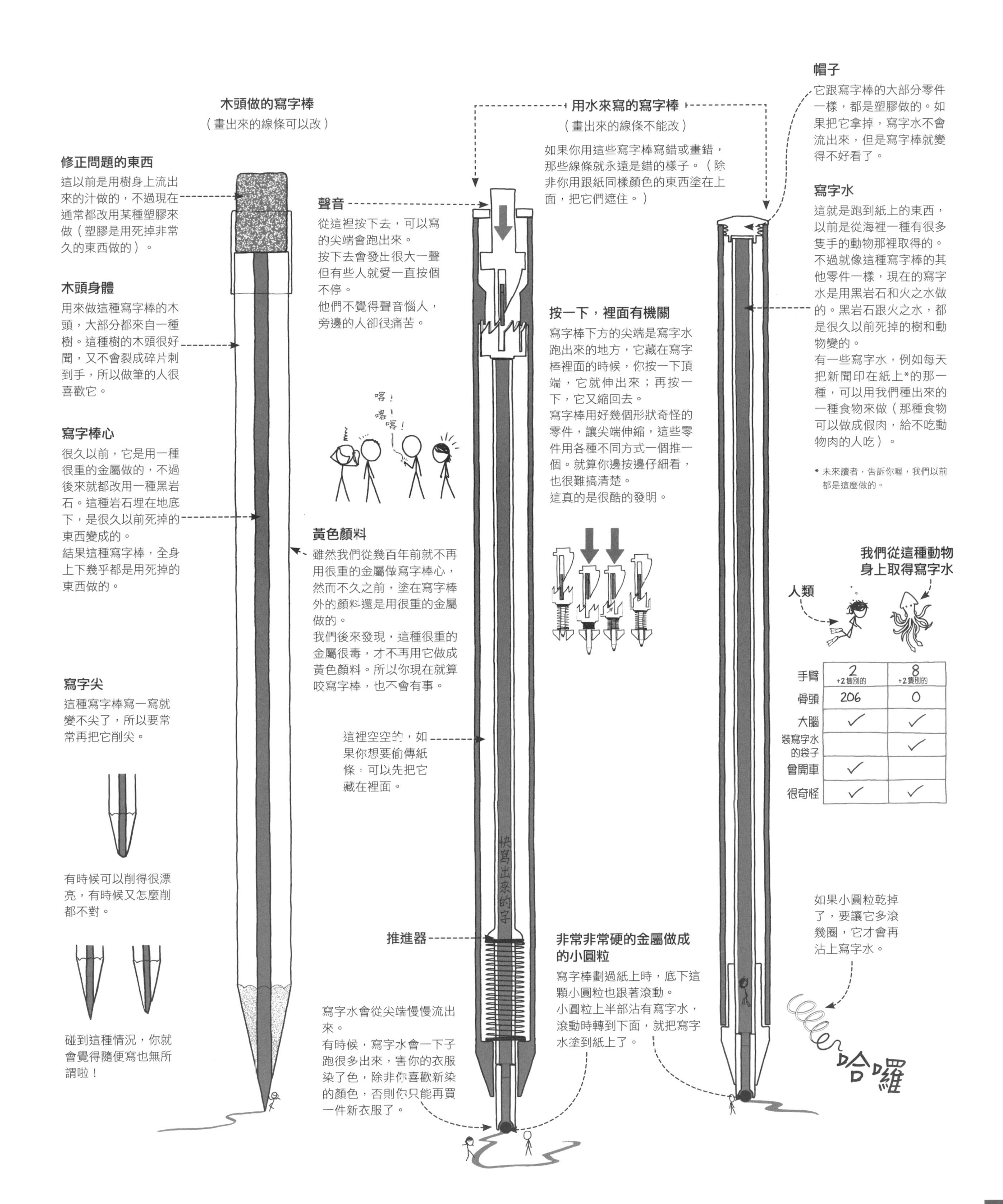

木頭做的寫字棒
（畫出來的線條可以改）
修正問題的東西
這以前是用樹身上流出來的汁做的，不過現在通常都改用某種塑膠來做（塑膠是用死掉非常久的東西做的）。
木頭身體
用來做這種寫字棒的木頭，大部分都來自一種樹。這種樹的木頭很好聞，又不會裂成碎片刺到手，所以做筆的人很喜歡它。
寫字棒心
很久以前，它是用一種很重的金屬做的，不過後來就都改用一種黑岩石。這種岩石埋在地底下，是很久以前死掉的東西變成的。
結果這種寫字棒，全身上下幾乎都是用死掉的東西做的。
寫字尖
這種寫字棒寫一寫就變不尖了，所以要常常再把它削尖。
有時候可以削得很漂亮，有時候又怎麼削都不對。
碰到這種情況，你就會覺得隨便寫也無所謂啦！
用水來寫的寫字棒
（畫出來的線條不能改）
如果你用這些寫字棒寫錯或畫錯，那些線條就永遠是錯的樣子。（除非你用跟紙同樣顏色的東西塗在上面，把它們遮住。）
聲音
從這裡按下去，可以寫的尖端會跑出來。
按下去會發出很大一聲但有些人就愛一直按個不停。
他們不覺得聲音惱人，旁邊的人卻很痛苦。
喀！
喀！
喀！
黃色顏料
雖然我們從幾百年前就不再用很重的金屬做寫字棒心，然而不久之前，塗在寫字棒外的顏料還是用很重的金屬做的。
我們後來發現，這種很重的金屬很毒，才不再用它做成黃色顏料。所以你現在就算咬寫字棒，也不會有事。
這裡空空的，如果你想要偷傳紙條，可以先把它藏在裡面。
快寫出來的字
推進器
寫字水會從尖端慢慢流出來。
有時候，寫字水會一下子跑很多出來，害你的衣服染了色，除非你喜歡新染的顏色，否則你只能再買一件新衣服了。
按一下，裡面有機關
寫字棒下方的尖端是寫字水跑出來的地方，它藏在寫字棒裡面的時候，你按一下頂端，它就伸出來；再按一下，它又縮回去。
寫字棒用好幾個形狀奇怪的零件，讓尖端伸縮，這些零件用各種不同方式一個推一個。就算你邊按邊仔細看，也很難搞清楚。
這真的是很酷的發明。
非常非常硬的金屬做成的小圓粒
寫字棒劃過紙上時，底下這顆小圓粒也跟著滾動。
小圓粒上半部沾有寫字水，滾動時轉到下面，就把寫字水塗到紙上了。
帽子
它跟寫字棒的大部分零件一樣，都是塑膠做的。如果把它拿掉，寫字水不會流出來，但是寫字棒就變得不好看了。
寫字水
這就是跑到紙上的東西，以前是從海裡一種有很多隻手的動物那裡取得的。
不過就像這種寫字棒的其他零件一樣，現在的寫字水是用黑岩石和火之水做的。黑岩石跟火之水，都是很久以前死掉的樹和動物變的。
有一些寫字水，例如每天把新聞印在紙上*的那一種，可以用我們種出來的一種食物來做（那種食物可以做成假肉，給不吃動物肉的人吃）。
* 未來讀者，告訴你喔，我們以前都是這麼做的。
我們從這種動物身上取得寫字水
人類
如果小圓粒乾掉了，要讓它多滾幾圈，它才會再沾上寫字水。
哈囉

	人類	動物
手臂	2 +2隻別的	8 +2隻別的
骨頭	206	0
大腦	✓	✓
裝寫字水的袋子		✓
會開車	✓	
很奇怪	✓	✓

手持電腦 智慧型手機

這種機器一開始只是為了讓相隔很遠的人可以用無線電互相講話，但這些年來它們逐漸變得愈來愈像電腦。

這種機器真的變得跟電腦一樣，也開始取代了我們原本隨身帶的很多東西，例如影像記錄器、隨身聽，甚至是書。

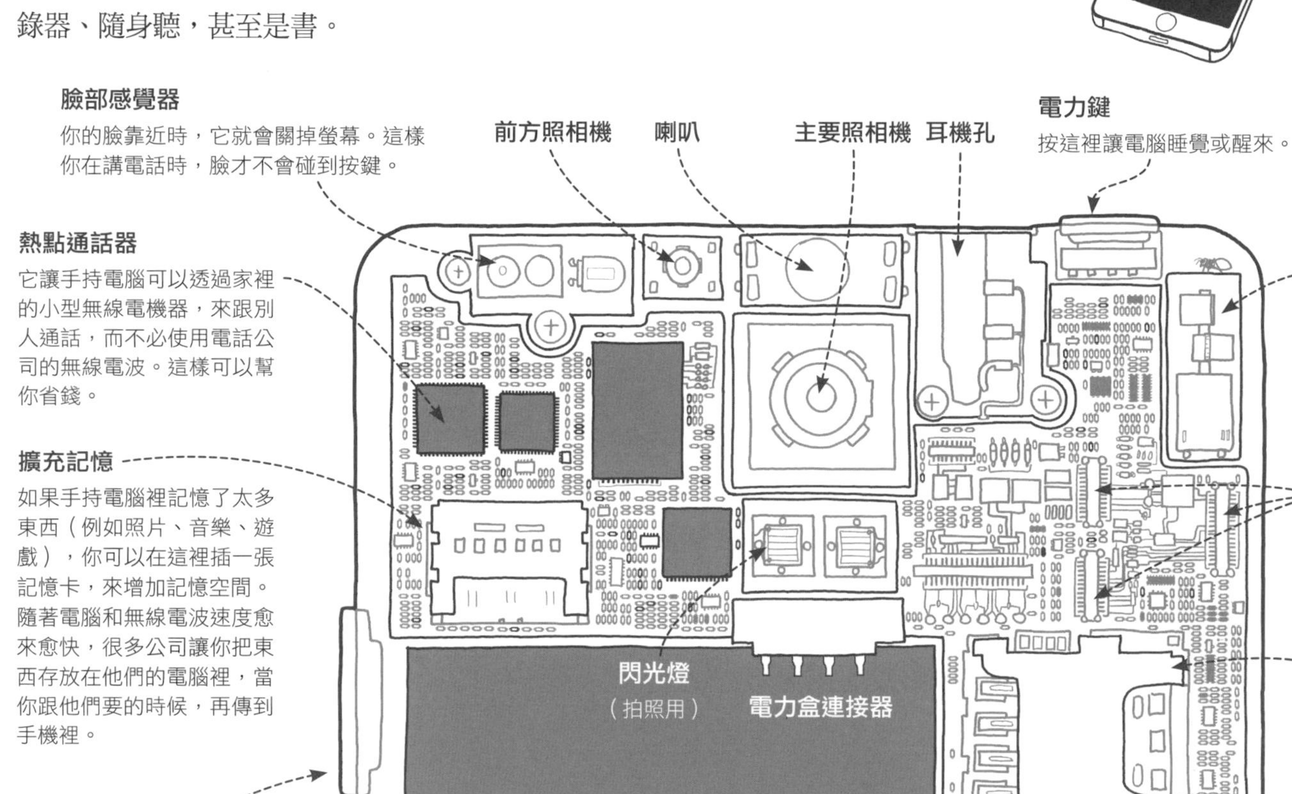

前方照相機
喇叭
主要照相機
耳機孔
閃光燈
（拍照用）
電力盒連接器

臉部感覺器

你的臉靠近時，它就會關掉螢幕。這樣你在講電話時，臉才不會碰到按鍵。

電力鍵

按這裡讓電腦睡覺或醒來。

熱點通話器

它讓手持電腦可以透過家裡的小型無線電機器，來跟別人通話，而不必使用電話公司的無線電波。這樣可以幫你省錢。

擴充記憶

如果手持電腦裡記憶了太多東西（例如照片、音樂、遊戲），你可以在這裡插一張記憶卡，來增加記憶空間。隨著電腦和無線電波速度愈來愈快，很多公司讓你把東西存放在他們的電腦裡，當你跟他們要的時候，再傳到手機裡。

口袋震動器

這片金屬會快速扭動，使手持電腦整個都震動起來。這樣它不用發出很大的噪音，就能吸引你的注意。（但是手持電腦如果放在堅硬的桌子上，就會發出很大的噪音。）

連接器

組裝手持電腦時，一些個別的零件，例如螢幕和無線電波收發器，在這裡和手持電腦其餘部分接在一起。

通話卡插在這裡

這裡放的卡片可以讓手持電腦跟全世界通話。手持電腦用無線電波跟某個提供服務的公司溝通，你付錢給它，請它幫你傳送訊息。這張卡片告訴這家公司，它們正在跟哪個手持電腦通話。

大小聲按鈕

把你聽見的聲音調大聲或調小聲。

聲音理解器

無線電波通話器

它告訴手持電腦，怎麼看懂提供服務的公司用無線電波傳過來的字。

電力小閘門

手持電腦跟一般電腦一樣，裡面幾乎布滿了不同種類的電力閘門。

下面這個圖案在零件圖上代表「電力閘門」：

這些閘門發現有電流從某條路進來時，會先看看另一條路的情況，再決定要不要讓電流通過。電腦的大腦是一堆這些閘門連在一起做成的。一台電腦裡的電力閘門，數量就跟地球上全部的人一樣多。其中有些很大、很顯眼，不過大部分都微不足道，只掌握很小的權力。呃，我是說閘門，不是指人啦。

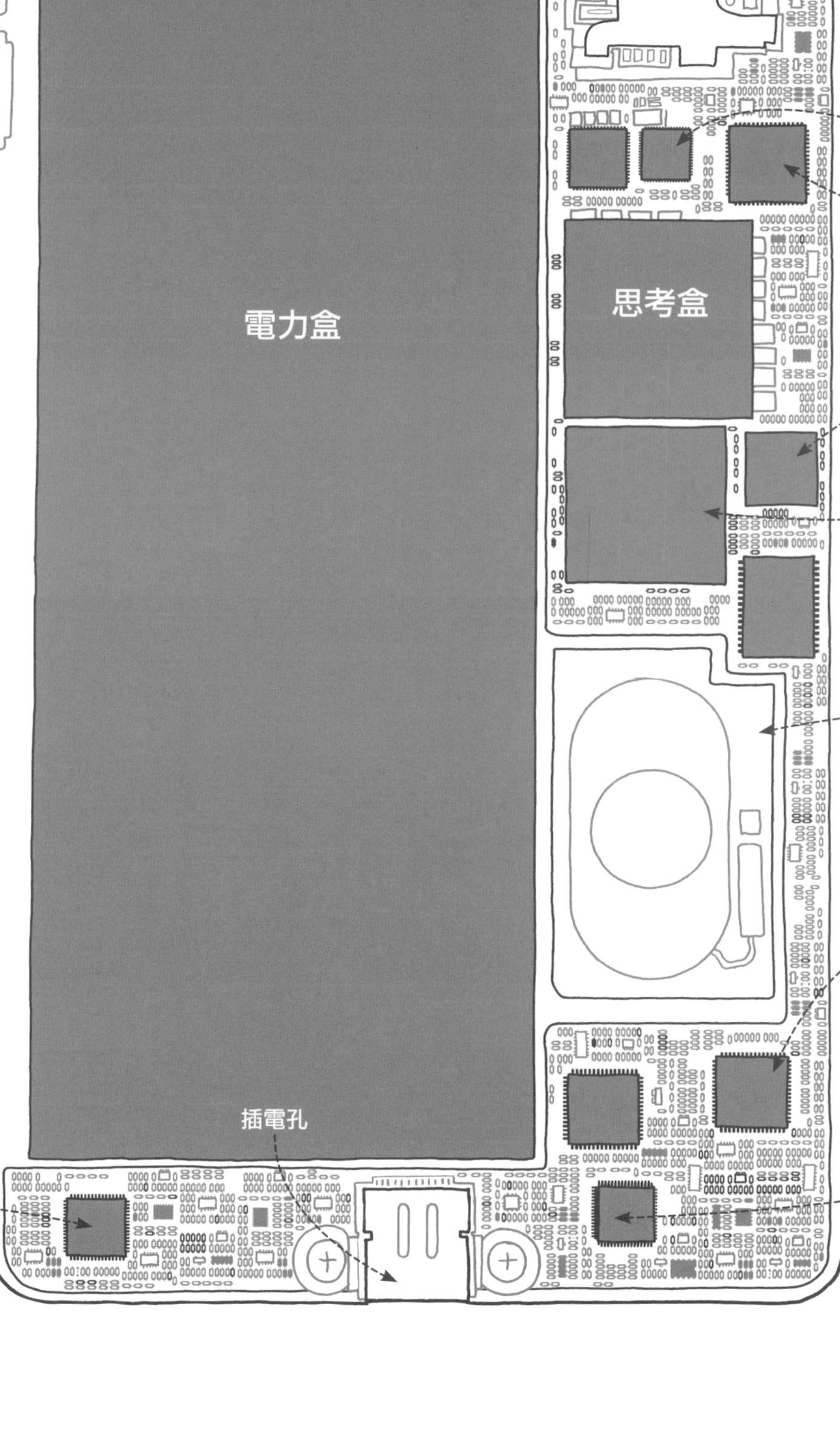

電力盒
思考盒
插電孔

方向感應器

快速記憶

這裡存放手持電腦，現在正在處理的東西，例如你正在看的網頁，或是你正在玩的遊戲。但手持電腦關機後，存在裡面的東西就不見了。

大喇叭

它可以發出很大的聲音，讓你不用把手持電腦貼到耳朵上，就能聽見。

注意聽你說什麼的盒子

這種特殊的思考盒做的事，就是注意聽你說的話。因為它只做這件事，所以用的電不像主要思考盒那麼多。有了它，你不用按下按鍵，就可以讓手持電腦隨時注意聽你說的話。

無線電波感應器

它會注意手持電腦表面的薄金屬片有什麼動靜。無線電訊息傳進來時，電會流過金屬片，無線電波感應器仔細注意電怎麼變化，把它轉成電腦在用的文字。

它也會把手持電腦要回傳的文字，轉為電的變化，再傳給金屬片。

電力控制器

它會注意每個零件正在做什麼，確定它們都能獲得需要的電力。

光的顏色　電磁波譜

光是由許多不同的波組成的，長的波和短的波在我們眼中會有不一樣的顏色。下雨的時候，陽光照在小雨滴上，在穿過雨滴時會稍微轉彎。有些顏色的光比其他顏色的光彎得更多，所以不同顏色的光會從空中不同位置射到你的眼睛。

天空中的顏色按照它們波的長短來區分，從波最短的藍色到波最長的紅色。但是穿過雨滴的光可不只這幾種，這些只是我們眼睛看得見的最短到最長的波。

底下這張圖畫出，穿過雨滴的光還會出現什麼其他顏色。（這張圖不是彩色的，不過沒差，反正它們也不是真的有顏色！）

不過，就算在現實生活中，你能看見更長和更短的波，你也不會看到它們在天空展開。這有三個原因：

一、太陽發出的光，我們大部分都看得見，其他的光只比這個範圍稍微長一點或稍微短一點。更長或更短的光，在陽光裡很少。

二、這些光大多不能穿透水，所以也無法穿過雨滴。

三、因為短波（藍光）穿過雨滴時，比長波（紅光）彎得更多，所以雨滴分出來的顏色是從長波照順序排到短波。但是，有些我們看不見的光卻不是這樣！它們不會像這裡畫的一樣展開，而是層層相疊，有一些由上往下排列，另一些又從下往上排列，全部集中在天空的同一個地方。

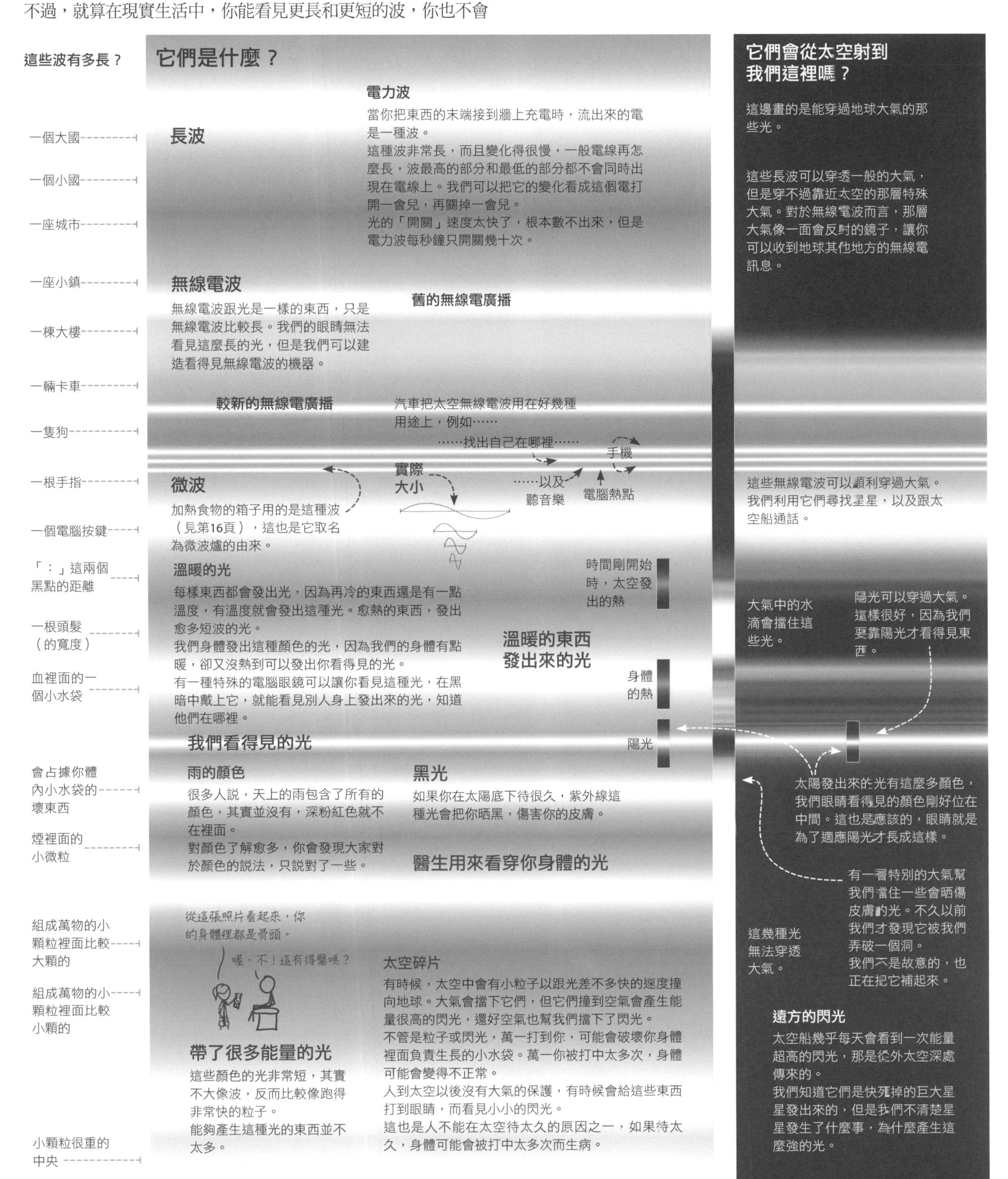

這些波有多長？
一個大國
一個小國
一座城市
一座小鎮
一棟大樓
一輛卡車
一隻狗
一根手指
一個電腦按鍵
「：」這兩個黑點的距離
一根頭髮（的寬度）
血裡面的一個小水袋
會占據你體內小水袋的壞東西
煙裡面的小微粒
組成萬物的小顆粒裡面比較大顆的
組成萬物的小顆粒裡面比較小顆的
小顆粒很重的中央
它們是什麼？
電力波
當你把東西的末端接到牆上充電時，流出來的電是一種波。
這種波非常長，而且變化得很慢，一般電線再怎麼長，波最高的部分和最低的部分都不會同時出現在電線上。我們可以把它的變化看成這個電打開一會兒，再關掉一會兒。
光的「開關」速度太快了，根本數不出來，但是電力波每秒鐘只開關幾十次。
長波
無線電波
無線電波跟光是一樣的東西，只是無線電波比較長。我們的眼睛無法看見這麼長的光，但是我們可以建造看得見無線電波的機器。
舊的無線電廣播
較新的無線電廣播
汽車把太空無線電波用在好幾種用途上，例如……
……找出自己在哪裡……
手機
……以及聽音樂
電腦熱點
實際大小
微波
加熱食物的箱子用的是這種波（見第16頁），這也是它取名為微波爐的由來。
溫暖的光
每樣東西都會發出光，因為再冷的東西還是有一點溫度，有溫度就會發出這種光。愈熱的東西，發出愈多短波的光。
我們身體發出這種顏色的光，因為我們的身體有點暖，卻又沒熱到可以發出你看得見的光。
有一種特殊的電腦眼鏡可以讓你看見這種光，在黑暗中戴上它，就能看見別人身上發出來的光，知道他們在哪裡。
時間剛開始時，太空發出的熱
溫暖的東西發出來的光
身體的熱
陽光
我們看得見的光
雨的顏色
很多人說，天上的雨包含了所有的顏色，其實並沒有，深粉紅色就不在裡面。
對顏色了解愈多，你會發現大家對於顏色的說法，只說對了一些。
黑光
如果你在太陽底下待很久，紫外線這種光會把你晒黑，傷害你的皮膚。
醫生用來看穿你身體的光
從這張照片看起來，你的身體裡都是骨頭。
喔，不！這有得醫嗎？
太空碎片
有時候，太空中會有小粒子以跟光差不多快的速度撞向地球。大氣會擋下它們，但它們撞到空氣會產生能量很高的閃光，還好空氣也幫我們擋下了閃光。
不管是粒子或閃光，萬一打到你，可能會破壞你身體裡面負責生長的小水袋。萬一你被打中太多次，身體可能會變得不正常。
人到太空以後沒有大氣的保護，有時候會給這些東西打到眼睛，而看見小小的閃光。
這也是人不能在太空待太久的原因之一，如果待太久，身體可能會被打中太多次而生病。
帶了很多能量的光
這些顏色的光非常短，其實不大像波，反而比較像跑得非常快的粒子。
能夠產生這種光的東西並不太多。
它們會從太空射到我們這裡嗎？
這邊畫的是能穿過地球大氣的那些光。
這些長波可以穿透一般的大氣，但是穿不過靠近太空的那層特殊大氣。對於無線電波而言，那層大氣像一面會反射的鏡子，讓你可以收到地球其他地方的無線電訊息。
這些無線電波可以順利穿過大氣。我們利用它們尋找星星，以及跟太空船通話。
大氣中的水滴會擋住這些光。
陽光可以穿過大氣。這樣很好，因為我們要靠陽光才看得見東西。
太陽發出來的光有這麼多顏色，我們眼睛看得見的顏色剛好位在中間。這也是應該的，眼睛就是為了適應陽光才長成這樣。
有一層特別的大氣幫我們擋住一些會晒傷皮膚的光。不久以前我們才發現它被我們弄破一個洞。
我們不是故意的，也正在把它補起來。
這幾種光無法穿透大氣。
遠方的閃光
太空船幾乎每天會看到一次能量超高的閃光，那是從外太空深處傳來的。
我們知道它們是快死掉的巨大星星發出來的，但是我們不清楚星星發生了什麼事，為什麼產生這麼強的光。

夜晚的天空 星空

這裡有一些出現在夜晚天空中的東西。它們白天也在天空上，只是陽光太亮，所以我們很難看見。

連連看

人們喜歡在一堆星星中玩連連看，用線畫出各種圖案。然後看連起來的圖案像什麼，就當成這組星星的名字。
這一組就叫獅子座。

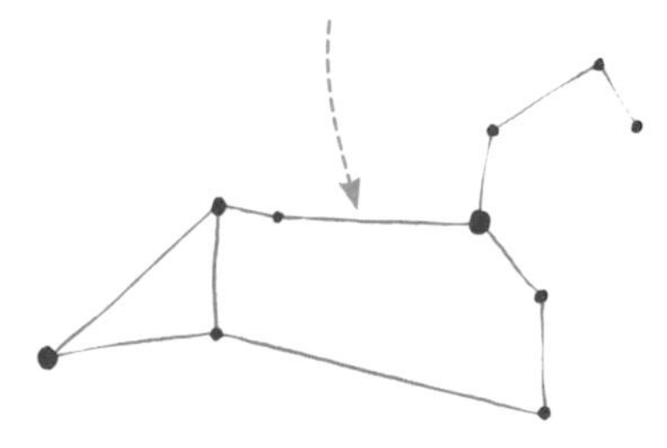

取這名字的人，到底有沒有看過獅子啊？

（我也不覺得這像獅子，不過一組組星星有了名字，比較容易記得住。）

星星比你想的還要遠

我們看到的星星，其實是它們很久以前的樣子，因為它們離我們太遠了，發出來的光要過很多年，才會到達我們這裡。

有些人會說，既然星光這麼久才到我們這裡，搞不好現在看到的星星早就死掉了。
沒這回事！你看到的大部分星星，它們的光只走幾百年就到我們這裡了。
所以別擔心，你的星星應該還好好的！

怎麼用望遠鏡

✓對
✕錯
攻啊！
✕錯
✕絕對不行

那是星星？還是螢火蟲？

它要停在你身上了。
希望是螢火蟲。

天神之王

其他星球

目前我們發現的星球，很多都在這個區域。並不是這裡的星球特別多，只因為我們先從這裡開始找起。

蜥蜴

天鵝

一種樂器

飛馬

狐狸

飛箭

海豚

我們的星雲

星星會聚在一起，就像太空中的大雲朵。我們住的星雲，形狀像盤子也像輪子。但由於我們從裡面看出去，只看到盤子邊緣，像一條光亮的路，橫越天空。

魚

小馬

老鷹

水瓶

盾牌

星塵

這些暗暗的雲，是擋住我們視線的灰塵。

魔羯
（下半身是魚、上半身是山羊的想像動物）

很吵的噪音

我們曾經聽見這裡發出非常強烈的無線電波，到現在仍不知道那是什麼東西。但之後，我們再也沒聽過了。

南方的魚

刻石像的人

射箭的人

南方皇冠

鶴

印第安人

航海家二號

大嘴鳥

組成萬物的小顆粒 週期表

以前的人曾經以為，我們的周遭萬物都是由四種東西：泥土、空氣、水、火組成的。他們已經很接近正確答案了——只不過不是四種，而是一百多種。

所有我們摸得到的東西（例如光就不算）都是由這些小顆粒組成；到目前為止，我們發現了一百多種小顆粒，也許還有更多。下面這張表把這些顆粒按照重量排列，再把在某方面彼此很相似的顆粒分在同一組，上下疊在一起。

土金屬

這些顆粒雖然叫做「金屬」，但很容易變化成石頭或土，也很容易燒起來。

喔，可憐的人哪！

組成顆粒的粒子

其實這些顆粒是由更小的粒子組成的；每一種顆粒裡的粒子都不一樣多。粒子有三種：兩種比較重，一種比較輕。

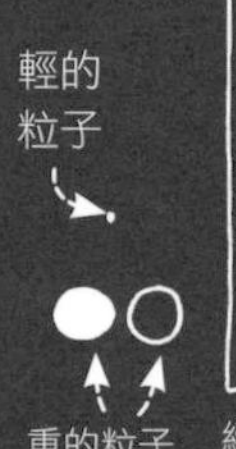

輕的粒子
重的粒子

重的粒子在中央，輕的粒子在這附近。
到底在哪裡？
就……這附近。

經過一百多年，我們終於認清：追問很小的東西在哪裡，是沒有意義的。

中央號碼

我們根據顆粒中央其中一種重的粒子有幾個，來替顆粒編號，再按照編號把顆粒填到表格裡。另一種重粒子有幾個不重要，所以這種重粒子不一樣多的顆粒，還是可以放在同一格裡。

#1
#2
#3
OR

表格的形狀

這張表的格子是按照從左到右、從上到下的順序排列。又因為我們要把相似顆粒擺在一起，所以這張表格的形狀有點奇怪。

（顆粒彼此相不相似，要看它們最外圍的輕粒子有幾個，以及這些輕粒子怎麼排列；輕粒子的數目一般都等於顆粒的中央號碼。）

活不久、發怪熱

有些顆粒沒辦法活很久，它們會把中央的重粒子一個個往四面八方丟，慢慢分裂成別種顆粒，同時發出一種奇怪的熱。

顆粒丟掉一半重粒子所花的時間，我們稱為「半生的時間」，它可以推算出顆粒的壽命。

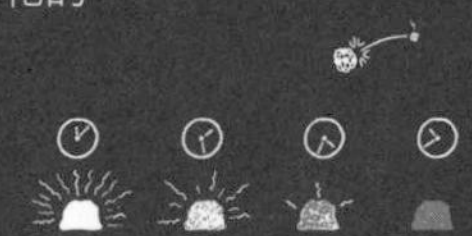

普通金屬

位於表格中間的這些顆粒，就是我們平常說的「金屬」；它們大部分都很堅硬，表面會反光，有點像鏡子。

手機電池會用到它

千萬別吸進它的塵屑，會死人的！

鹽裡面有一部分是它

這是很輕的金屬，燃燒時會發出熱及很亮的光

大腦用它跟人體的其他部位講話

牙齒就是由它組成的

這種金屬不大有趣

它最有名的特點，就是又堅固又輕

這種金屬可以讓切割機器的牙齒更堅固

汽車零件用了這種金屬，會像鏡子一樣亮晶晶

我們把它加進鐵裡面，讓鐵更堅固

以前都是用這種金屬來做機器的

我們用這種石頭讓玻璃變藍

有一種特別的鐘，根據這種顆粒每秒振動幾次來計時

它發出的熱曾經點亮燈光，指引北極附近的船隻

用這個瑞典村莊取名的金屬

這種金屬讓我們更加了解地球剛形成時的情形

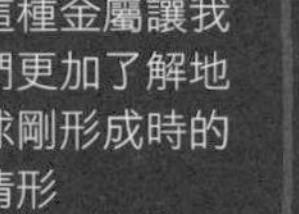

這種金屬的名字取自一位希臘女神，是大家吵了很久才決定的

用來加到別種金屬裡的金屬

這張表的金屬從它開始才會分解，發出奇怪的熱

我們不常見的灰色金屬

這兩種金屬都氣變得更乾淨

萬一重金屬發電廠爆炸，這東西會造成嚴重的問題

要喝下它，醫生才能看得到你身體裡面的樣子

下面那兩排應該塞進這裡。但這樣一來，這張表會變得太長，一頁放不下。所以一般都不放進來。

有一些海底船的動力來自熱金屬的熱，這種金屬就是用來控制熱金屬的發熱的

這個金屬用來製造電的容器

就是這東西

用來製造戰鬥飛機推動器的金屬

鋼筆尖上小圓粒用到的堅硬金屬

當太空的石頭掉到地面時，會有薄薄的一層這個金屬

半生的時間約只有22分鐘的東西

就是這個

半生的時間約1個半小時的東西

半生的時間約1天的東西

半生的時間約2分鐘的東西

半生的時間約1分鐘的東西

半生的時間約10秒鐘的東西

半生的時間約8秒鐘的東西

短命的顆粒

這張表最底下這一排的大部分顆粒，只能在巨大的機器裡面製造出來，而且一次只能做出一點點。它們半生的時間很短，撐不了多久，所以沒什麼用處，因此除了它們的壽命，也沒什麼好介紹的。

如果我們找到更多種顆粒，就從這裡再多加一排。

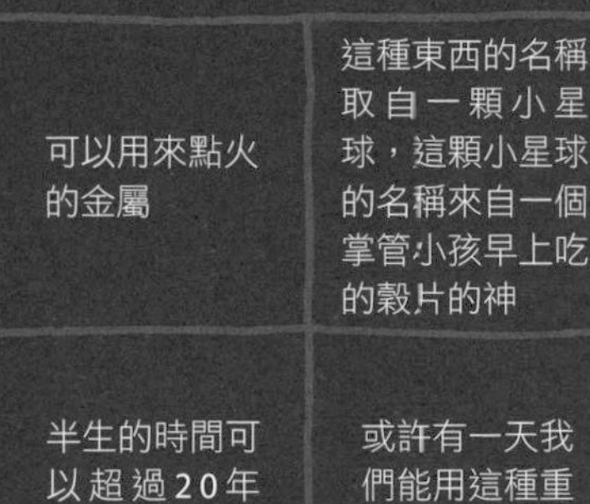

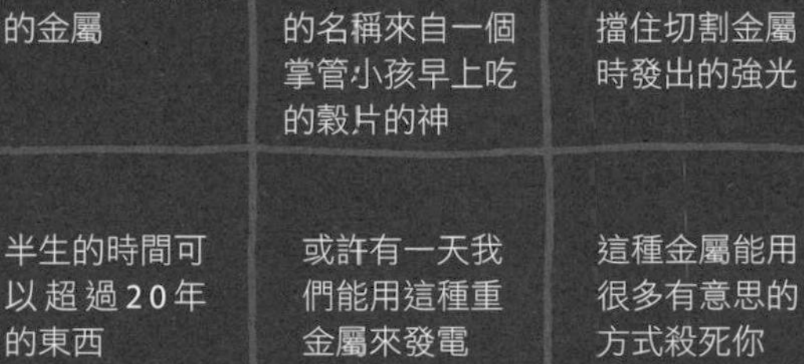

可以用來點火的金屬

這種東西的名稱取自一顆小星球，這顆小星球的名稱來自一個掌管小孩早上吃的穀片的神

加了這種金屬的玻璃，可以擋住切割金屬時發出的強光

這種金屬可以牢牢吸住其他金屬

這種金屬的名字取自一個偷火給人類的神

第一個用人名來命名的顆粒（這個人不是很重要）

半生的時間可以超過20年的東西

或許有一天我們能用這種重金屬來發電

這種金屬能用很多有意思的方式殺死你

這裡面有它

希望我們別增加新顆粒了。我喜歡現在底下一排完全排滿的樣子。

取名字

這張表上有些顆粒早就有名字了（例如金），但有些是過去幾百年來才發現的。
其中很多顆粒根據人名或地名來取名字，特別是那些幫助我們了解顆粒的人，或這些人工作的地方。
右邊是一些顆粒名稱的由來。

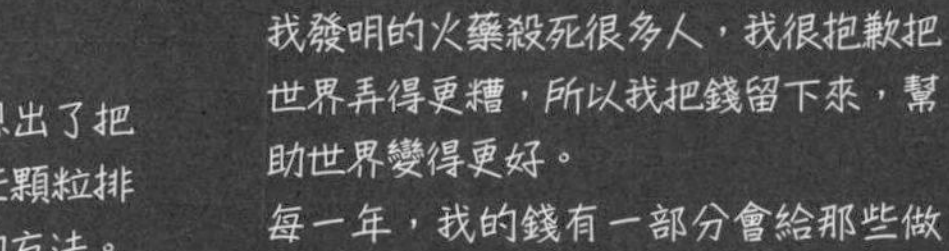

我想出了把這些顆粒排序的方法。
我發明的火藥殺死很多人，我很抱歉把世界弄得更糟，所以我把錢留下來，幫助世界變得更好。
每一年，我的錢有一部分會給那些做了很棒的事的人，他們還會得到一個金幣，上面有我的臉孔。

我因為發現這些東西，得到兩枚那樣的金幣。

我叫歐洲，我們這裡的人最先研究這些東西，而那時候我們又統治大半個世界，所以大家現在用的顆粒名稱，大部分是我們取的。

我是北歐瑞典的一個小村莊，這張表上有四種顆粒的名字跟我有關喔！

非金屬

靠近這張表右上方的東西不是金屬。它們彼此都很不一樣。其中很多是氣體，有一些看起來像是石頭或水。它們很容易就變成氣體，大部分都不太結實。

分界線

大家對於金屬和非金屬之間的分界線到底怎麼分，有不同的意見，不過這條線大約從這裡開始，一路往右下方走。

空氣、水和火

這個區域的東西很會變花樣。你如果把它們跟這張表另一頭的東西放在一起，它們會變成各種不同的水或燒起來，甚至讓所有東西爆炸。

文靜的氣體

表格這一頭的東西非常文靜。你把這些氣體和其他東西放在一起，它們通常也沒什麼反應。

研究星星的科學家

了解星星怎麼運轉的科學家把這條線以下的東西都稱為「金屬」，這好像怪怪的。不過星星主要由這條線上面的那兩種東西組成，所以他們不太在意其餘的東西，也是應該的。

								這裡面的氣體
			這東西讓廚房玻璃器具不會遇熱破裂	目前所知的所有生命，都是由它組成的	我們不需要吸進這種氣體來活命，但是空氣中大部分都是它	這種氣體才是我們要吸入來活命的	黃綠色氣體，碰到任何東西都會燒起來，可以殺死人	這個氣體裝在由彩色燈管製成的閃亮招牌之中
			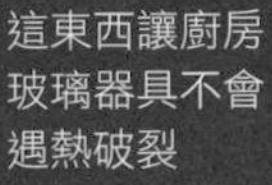 就是這片金屬	這種石頭形成沙灘、玻璃以及電腦的大腦	很容易燒起來的白色石頭	很臭的黃色石頭 味道像它	這東西放在游泳池裡，游泳池就不會長出有害的東西	這氣體沒有多大用處
這種灰色金屬在地球中心有很多	這種棕色金屬我們用來傳送電與聲音	用來讓棕色金屬更堅硬的金屬（現在也用在其他很多東西上）	這種金屬會流動，可以讓我們把飲料罐像紙那樣撕開 	這種金屬的名稱取自德國 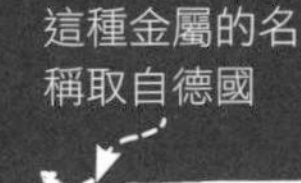	這種石頭最有名的特點是吃了會死	可以把動力轉成另一種動力的石頭	紅棕色的水	這種氣體做成的明亮光束，讓醫生用來幫眼睛開刀
可以用來把汽車廢		這種金屬以前曾經加在顏料中，後來我們才知道它有毒	你只要用力，就可以把幾塊這種銀色金屬黏在一起 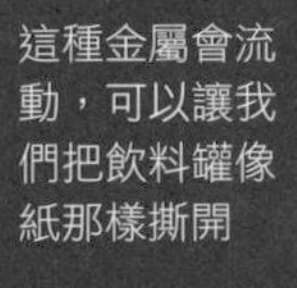	這種金屬塗在食物罐頭上，可以避免罐頭被水穿出洞來	許多東西加進這個金屬，就不會燒起來	這種金屬很多地方找得到，但這些地方大部分都不在地球上	鹽裡面加這個 你的大腦就會正常生長	相機閃光燈裡面使用的氣體
跟黃金一樣貴的金屬	黃金	這裡面的東西	以前用來殺老鼠的金屬，但因為太好用，後來就停用了	大家都知道這種金屬很重	這種石頭看起來像一座很酷的迷你城市	就是這個	沒人清楚看過這個東西的模樣，因為它一轉眼就燒光了	這種氣體從房子底下的岩石冒出來，可能會讓人生病
半生的時間約10秒鐘的東西	半生的時間約半分鐘的東西		半生的時間約1/3分鐘的東西	半生的時間約3秒鐘的東西	半生的時間不到1/3秒的東西	這些東西半生的時間相當於一眨眼的時間		這種東西半生的時間，大概只夠讓聲音走30公分

當成錢的金屬

我們把這一組的很多東西當錢用，但不包括最底下那個，因為它一下就不見了。
（有一些很懂金錢的專家的確認為，錢如果會隨時間消失是好事，不過他們應該不是指在這麼短的時間。）

舒服多了

這是用看起來像迷你城市的石頭做成的。你覺得食物快從嘴巴跑出來的時候，吃一點或喝一些這東西，會讓你舒服很多。

舒服多了

這麼多不同的地方！

用歐洲來取名的金屬 	比氣溫冷的時候，這個金屬會吸住其他的金屬	另一個用這個瑞典村莊取名的金屬 	這種金屬的名稱有「很難取得」的意思	用斯德哥爾摩來取名的金屬 	又一個用這個瑞典村莊取名的金屬	用希臘這地方的人以前稱呼北歐這個地區的名字來取名 	好啦，這個瑞典村莊很棒。但夠了吧！ 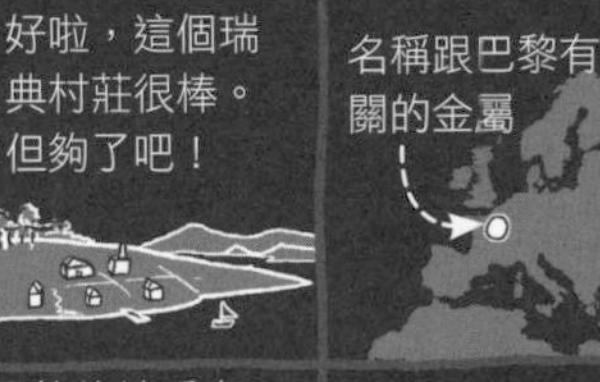	名稱跟巴黎有關的金屬
告訴你家裡失火的盒子裡有這個東西 名稱取自美國	用她的姓氏來取名的金屬 	用加州柏克萊取名的金屬	用加州來取名的金屬 	用他的姓氏來取名的金屬 	這種金屬的名稱取自幫忙建造第一座重金屬發電廠的科學家	用他的姓氏來取名的金屬  這個表是我想到的	用他的姓氏來取名的金屬	半生的時間約4分鐘的金屬

我們的星星　太陽

太陽是一顆星星。它跟其他星星一樣，只是離我們很近所以看起來特別亮。正因為太陽太亮了，所以要等地球擋住陽光時，我們才能看見其他星星。

星星是由一團一團的氣體雲撞在一起形成的。因為相撞的力量非常大，就燒了起來。太陽裡的氣體在地球誕生前不久就一直燃燒到現在，之後還會再繼續燃燒大概一樣久的時間。太陽的氣體都燒完以後，短時間內會先變得非常大，噴出大部分的熱，然後再往內縮，變成一顆小金屬球，再慢慢冷卻。

包住太陽的空氣

太陽跟地球一樣，外圍也有氣體包住。但是太陽沒有硬硬的外殼，於是愈靠近太陽，氣體愈厚，就這樣一直延伸到太陽中心。

太陽表面的氣體比太陽裡面一些地方還熱，我們還不明白怎麼會這麼奇怪。

中心

太陽大部分的重量集中在中心，這裡的氣體非常非常用力的不斷互相擠壓，引爆了一種特別的爆炸。（可以燒毀城市的最強大炸彈，就是用這種爆炸啟動的。）

火光

熱氣體只有在上方的氣體比它冷時才會上升，太陽中心附近的氣體都一樣熱，所以熱氣體不會往上升。太陽裡面的熱是由光帶著跑出來的，就好像陽光帶著熱照到你的臉那樣。

不過光要走過彎彎曲曲的路，才能穿越太陽裡的氣體。這條路非常長，要花很久的時間，大概是我們的幾百輩子那麼久，光才會到達太陽表面。

黑點

有時候，太陽表面會出現一些較暗也較冷的黑點，是電在太陽表面跑來跑去造成的。通常出現太陽黑點時，也會出現巨大的烈火風暴。

熱氣體

太陽中心的氣體爆炸後，向四面八方噴出光和熱。一方面氣體會掉回中心，但另一方面，光和熱又把它們向外吹散。

靠近太陽表面的氣體會抖動、上升、翻滾，跟加熱一杯水的情況很像。

這些氣體受太陽中心的爆炸加熱，不斷上升、翻滾，把熱帶到太陽表面，然後熱再散到太空中（大部分變成光）。有些氣體噴得遠遠的，脫離太陽，不過大部分到了太空，稍微變涼了，就又落回太陽，繼續加熱。

烈火風暴

太陽裡面的氣體到處亂跑時，會產生電（這道理就跟發電機裡的輪子轉動，會使電在金屬線裡面流動一樣）。有時候電會跑到太陽表面，把太陽的火焰推到太空。這些烈火風暴帶有很強的電，如果擊中地球，可能會打壞我們的電腦跟電線。

有多少熱？

雖然太陽很熱，但爆炸不會一下子增加很多熱。太陽中心一小塊氣體產生的熱，跟同樣大小的冷血動物發出來的體熱差不多。

雖然這點熱看起來很少，但是太陽太大了，加上它有那麼厚的氣體外套，全部的熱加總起來，使得它比任何動物都熱很多。

星星怎麼來的

氣體　變熱的氣體　特別的爆炸　變重的中心　外層　新的奇特爆炸　星星爆成碎片　最後的爆炸　白色矮星星　黑洞

很多人說，要想像重量怎麼把彼此拉在一起，可以想成它們都放在床單上那樣。這種想法雖然並不完全正確，但在這裡還滿好用的。

氣體雲

星星一開始只是太空中的一團氣體。這團氣體到處飄移、互相推擠，而且裡面好像有波浪穿過，就像在海上那樣。

過了一段時間，有些氣體剛好互相靠得很近，它們合起來的重量產生的拉力，變得比分開它們的力量還大。

氣體陷在一起後，產生的拉力變得更強，把更多氣體拉了進來。氣體陷在一起後，也會變得更熱。而熱又會使氣體不願乖乖的被拉進來。

不過在這團雲裡，這點熱還比不過氣體自己重量的拉力，所以氣體繼續變得更小、更熱。

特別的爆炸

照這樣下去，這團氣體好像會愈來愈小、愈來愈熱。但是當熱到一定程度時，一種新的爆炸發生了。

氣體彼此擠壓得夠大力時，組成它們的顆粒可能會黏在一起。這時，它們會發出很強的光和熱。可以燒毀城市的最強大炸彈，就是用這種熱引發爆炸的。

所以，當這團氣體雲變得非常熱，就會發生這種爆炸，噴發出很強的熱，這股熱風強到可以抵抗拉著氣體往內陷的力。因此，雖然氣體變得更熱，卻不會再繼續變小。一顆星星就這麼誕生了。

推開的力和拉近的力互相抵銷了，如果星星往內縮一點，就會產生更多爆炸，把星星往外推回去。

像太陽這樣的星星有非常多的氣體，可以燒很久很久，因此有足夠的時間讓周圍的星球和生命誕生。然而，太陽不可能永遠一直燒下去。

新的氣體

星星裡面的氣體受擠壓爆炸後，會形成比較重的新氣體。這種氣體不容易燒，所以沒有跟其他氣體一起燃燒，而是集中到星星的中心。

新氣體比較重，所以又把星星拉在一起，產生更多爆炸。爆炸的風把星星的外層吹得更遠，於是隨時間過去，星星愈變愈大。

當氣體快燒光了，星星的中心變得更緊密，引爆新的爆炸把星星的外層吹得更遠，星星變得愈來愈大、愈來愈大……直到再也沒有爆炸可以抵抗星星本身重量往下拉的力，星星開始全部往中心陷進去。

最後的爆炸

星星整個陷進裡面後，變得前所未有的熱，熱到原本不能燒的東西也燒了起來，產生一種全新的奇特爆炸。（地球上組成我們身體的東西，大部分都是在這樣的爆炸中產生的。）

最後的爆炸噴發出大量的光和熱，這一刻，它可能是太空中最亮的一顆星。

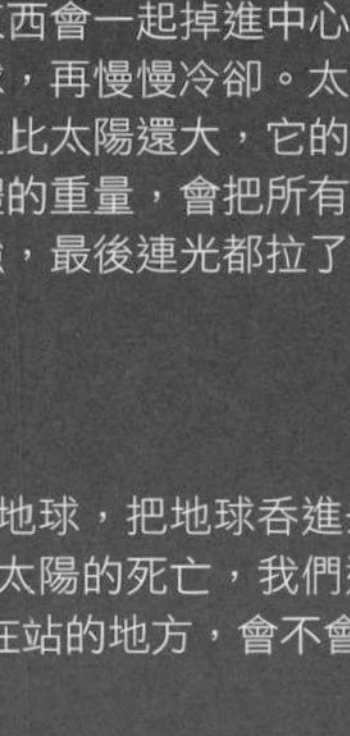

遺留下來的東西

星星裡的很多東西都在這次爆炸中拋到太空中了，剩下來的東西會一起掉進中心，變成白白亮亮且結實的氣體星球，再慢慢冷卻。太陽最後就會變成這樣。

如果星星比太陽還大，它的重量可能改變這個結局。堅硬球體的重量，會把所有東西繼續往內拉，拉力會愈變愈強，最後連光都拉了進去，就成了太空中的一個黑洞。

地球的結局

當太陽變得非常大的時候，它的邊邊會碰到地球，把地球吞進去燒光。不過你現在還不用擔心這個問題，因為如果人類想活到遇見太陽的死亡，我們還有很多別的問題要先面對。現在就煩惱這個問題，就好像煩惱你現在站的地方，會不會長出一棵樹一樣。

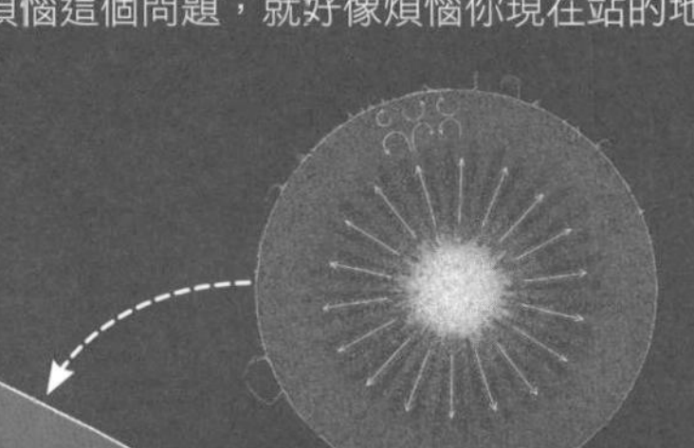

怎麼量東西 測量單位

要量一個東西有多重，我們會先選一個重量做為「一」。這樣當你說重量是「十」，大家就知道這代表它跟十個「一」一樣重。我們也是這樣量其他東西，例如有多快或多熱。

不過，大家對於「一」是多少，卻有不同看法，這也造成不少問題。曾經有艘太空船沒有到達原本要去的星球，就因為有人搞不清楚他們應該用哪個「一」來計算重量。

現在大部分國家同意，每個地方都採用同樣的「一」。底下列出這套系統中，「一」到「一千」分別相當於什麼。

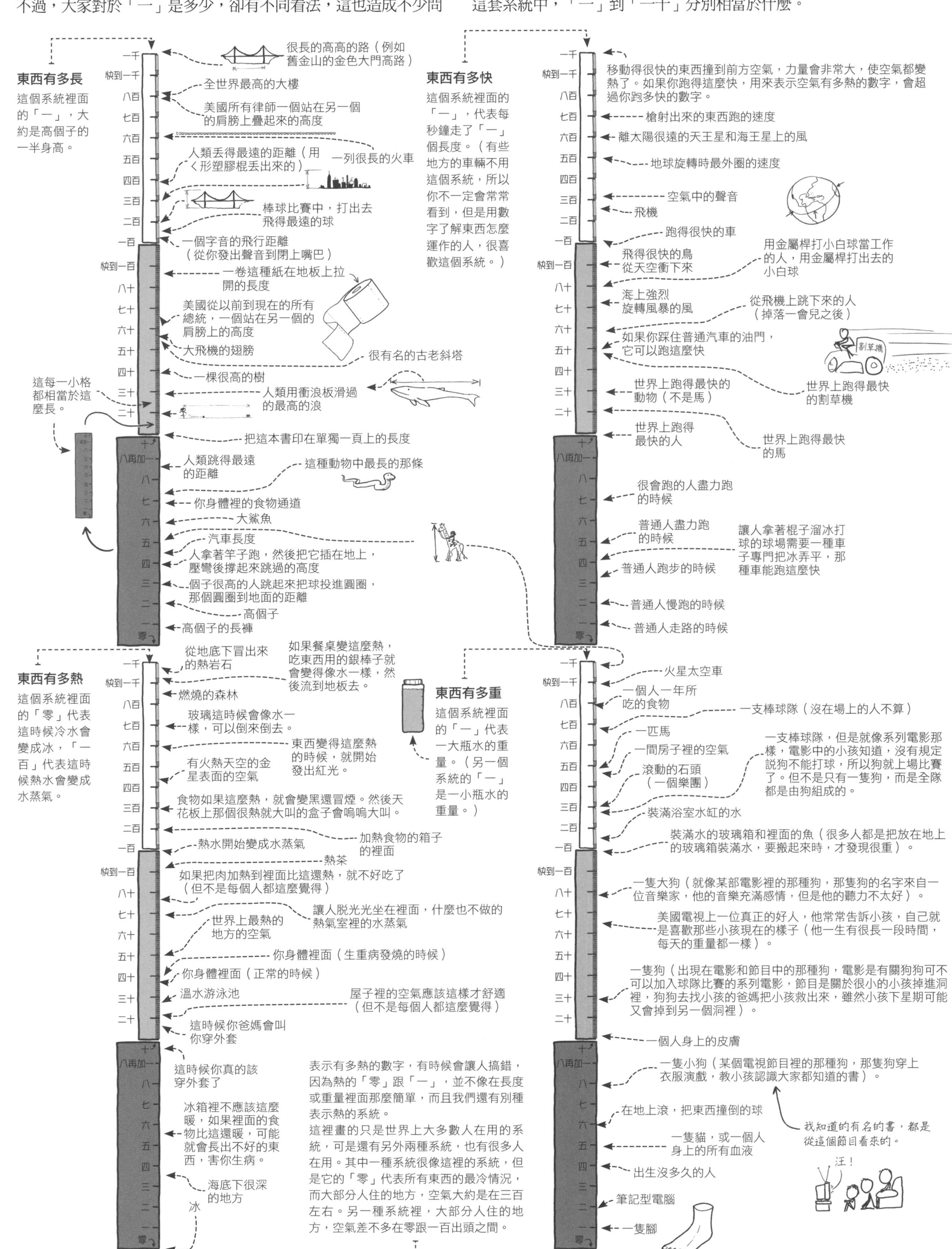

東西有多長
這個系統裡面的「一」，大約是高個子的一半身高。
一千
快到一千
八百
七百
六百
五百
四百
三百
二百
一百
快到一百
八十
七十
六十
五十
四十
三十
二十
十
八再加一
八
七
六
五
四
三
二
一
零
很長的高高的路（例如舊金山的金色大門高路）
全世界最高的大樓
美國所有律師一個站在另一個的肩膀上疊起來的高度
人類丟得最遠的距離（用〈形塑膠棍丟出來的）
一列很長的火車
棒球比賽中，打出去飛得最遠的球
一個字音的飛行距離（從你發出聲音到閉上嘴巴）
一卷這種紙在地板上拉開的長度
美國從以前到現在的所有總統，一個站在另一個的肩膀上的高度
大飛機的翅膀
很有名的古老斜塔
一棵很高的樹
人類用衝浪板滑過的最高的浪
這每一小格都相當於這麼長。
把這本書印在單獨一頁上的長度
人類跳得最遠的距離
這種動物中最長的那條
你身體裡的食物通道
大鯊魚
汽車長度
人拿著竿子跑，然後把它插在地上，壓彎後撐起來跳過的高度
個子很高的人跳起來把球投進圓圈，那個圓圈到地面的距離
高個子
高個子的長褲
東西有多快
這個系統裡面的「一」，代表每秒鐘走了「一」個長度。（有些地方的車輛不用這個系統，所以你不一定會常常看到，但是用數字了解東西怎麼運作的人，很喜歡這個系統。）
移動得很快的東西撞到前方空氣，力量會非常大，使空氣都變熱了。如果你跑得這麼快，用來表示空氣有多熱的數字，會超過你跑多快的數字。
槍射出來的東西跑的速度
離太陽很遠的天王星和海王星上的風
地球旋轉時最外圈的速度
空氣中的聲音
飛機
跑得很快的車
用金屬桿打小白球當工作的人，用金屬桿打出去的小白球
飛得很快的鳥從天空衝下來
海上強烈旋轉風暴的風
從飛機上跳下來的人（掉落一會兒之後）
如果你踩住普通汽車的油門，它可以跑這麼快
割草機
世界上跑得最快的動物（不是馬）
世界上跑得最快的割草機
世界上跑得最快的人
世界上跑得最快的馬
很會跑的人盡力跑的時候
普通人盡力跑的時候
讓人拿著棍子溜冰打球的球場需要一種車子專門把冰弄平，那種車能跑這麼快
普通人跑步的時候
普通人慢跑的時候
普通人走路的時候
東西有多熱
這個系統裡面的「零」代表這時候冷水會變成冰，「一百」代表這時候熱水會變成水蒸氣。
從地底下冒出來的熱岩石
如果餐桌變這麼熱，吃東西用的銀棒子就會變得像水一樣，然後流到地板去。
燃燒的森林
玻璃這時候會像水一樣，可以倒來倒去。
東西變得這麼熱的時候，就開始發出紅光。
有火熱天空的金星表面的空氣
食物如果這麼熱，就會變黑還冒煙。然後天花板上那個很熱就大叫的盒子會嗚嗚大叫。
加熱食物的箱子的裡面
熱水開始變成水蒸氣
熱茶
如果把肉加熱到裡面比這還熱，就不好吃了（但不是每個人都這麼覺得）
讓人脫光光坐在裡面，什麼也不做的熱氣室裡的水蒸氣
世界上最熱的地方的空氣
你身體裡面（生重病發燒的時候）
你身體裡面（正常的時候）
溫水游泳池
屋子裡的空氣應該這樣才舒適（但不是每個人都這麼覺得）
這時候你爸媽會叫你穿外套
這時候你真的該穿外套了
冰箱裡不應該這麼暖，如果裡面的食物比這還暖，可能就會長出不好的東西，害你生病。
海底下很深的地方
冰
表示有多熱的數字，有時候會讓人搞錯，因為熱的「零」跟「一」，並不像在長度或重量裡面那麼簡單，而且我們還有別種表示熱的系統。
這裡畫的只是世界上大多數人在用的系統，可是還有另外兩種系統，也有很多人在用。其中一種系統很像這裡的系統，但是它的「零」代表所有東西的最冷情況，而大部分人住的地方，空氣大約是在三百左右。另一種系統裡，大部分人住的地方，空氣差不多在零跟一百出頭之間。
東西有多重
這個系統裡面的「一」代表一大瓶水的重量。（另一個系統的「一」是一小瓶水的重量。）
火星太空車
一個人一年所吃的食物
一支棒球隊（沒在場上的人不算）
一匹馬
一間房子裡的空氣
一支棒球隊，但是就像系列電影那樣，電影中的小孩知道，沒有規定說狗不能打球，所以狗就上場比賽了。但不是只有一隻狗，而是全隊都是由狗組成的。
滾動的石頭（一個樂團）
裝滿浴室水缸的水
裝滿水的玻璃箱和裡面的魚（很多人都是把放在地上的玻璃箱裝滿水，要搬起來時，才發現很重）。
一隻大狗（就像某部電影裡的那種狗，那隻狗的名字來自一位音樂家，他的音樂充滿感情，但是他的聽力不太好）。
美國電視上一位真正的好人，他常常告訴小孩，自己就是喜歡那些小孩現在的樣子（他一生有很長一段時間，每天的重量都一樣）。
一隻狗（出現在電影和節目中的那種狗，電影是有關狗狗可不可以加入球隊比賽的系列電影，節目是關於很小的小孩掉進洞裡，狗狗去找小孩的爸媽把小孩救出來，雖然小孩下星期可能又會掉到另一個洞裡）。
一個人身上的皮膚
一隻小狗（某個電視節目裡的那種狗，那隻狗穿上衣服演戲，教小孩認識大家都知道的書）。
在地上滾，把東西撞倒的球
我知道的有名的書，都是從這個節目看來的。
一隻貓，或一個人身上的所有血液
汪！
出生沒多久的人
筆記型電腦
一隻腳

救人的房間　病房

我們的身體常常會有些小問題，不過身體很會修理自己！很多小零件用久了會壞掉，身體就再製造新的零件出來。有些很微小的東西會想跑進來害我們生病，不過身體裡面有一大群小機器到處查看，一旦發現長得不一樣的東西，就會消滅它們。通常身體在解決這些問題的時候，我們根本都沒感覺。

但是就像如果沒有別人和機器的幫忙，我們就到不了很多地方，例如月球和海底；同樣的，如果沒有別人和機器的幫忙，身體也會有些問題修不好。

當我們生病或覺得不對勁，有時候就得去像這樣有各種機器的房間，請醫生幫我們檢查，醫好我們。

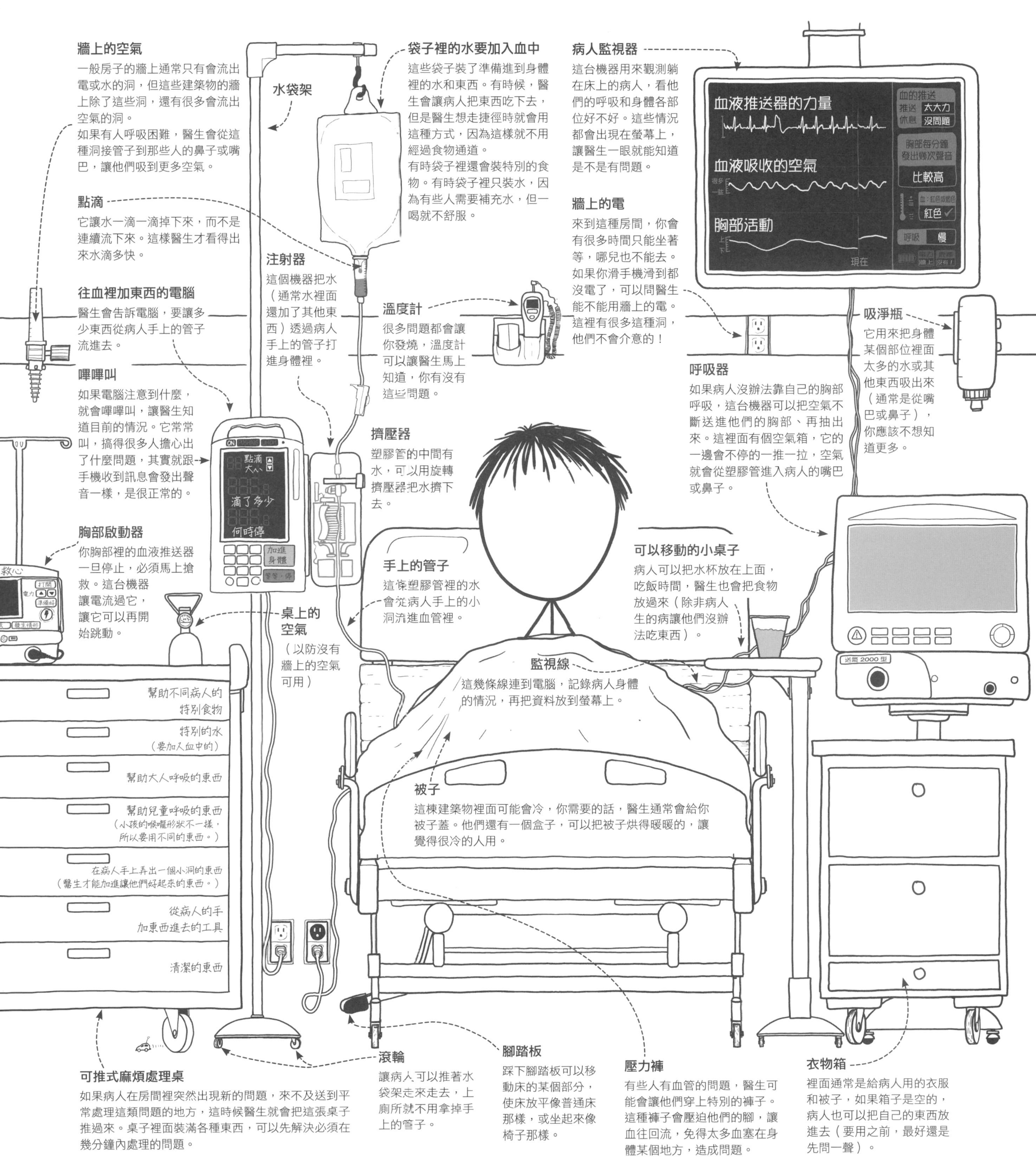

牆上的空氣
一般房子的牆上通常只有會流出電或水的洞，但這些建築物的牆上除了這些洞，還有很多會流出空氣的洞。
如果有人呼吸困難，醫生會從這種洞接管子到那些人的鼻子或嘴巴，讓他們吸到更多空氣。
水袋架
袋子裡的水要加入血中
這些袋子裝了準備進到身體裡的水和東西。有時候，醫生會讓病人把東西吃下去，但是醫生想走捷徑時就會用這種方式，因為這樣就不用經過食物通道。
有時袋子裡還會裝特別的食物。有時袋子裡只裝水，因為有些人需要補充水，但一喝就不舒服。
病人監視器
這台機器用來觀測躺在床上的病人，看他們的呼吸和身體各部位好不好。這些情況都會出現在螢幕上，讓醫生一眼就能知道是不是有問題。
血液推送器的力量
血液吸收的空氣
胸部活動
現在
血的推送
推送 大大力
休息 沒問題
胸部每分鐘發出幾次聲音
比較高
紅色
呼吸 慢
點滴
它讓水一滴一滴掉下來，而不是連續流下來。這樣醫生才看得出來水滴多快。
注射器
這個機器把水（通常水裡面還加了其他東西）透過病人手上的管子打進身體裡。
牆上的電
來到這種房間，你會有很多時間只能坐著等，哪兒也不能去。如果你滑手機滑到都沒電了，可以問醫生能不能用牆上的電。這裡有很多這種洞，他們不會介意的！
往血裡加東西的電腦
醫腦會告訴電腦，要讓多少東西從病人手上的管子流進去。
溫度計
很多問題都會讓你發燒，溫度計可以讓醫生馬上知道，你有沒有這些問題。
吸淨瓶
它用來把身體某個部位裡面太多的水或其他東西吸出來（通常是從嘴巴或鼻子），你應該不想知道更多。
嗶嗶叫
如果電腦注意到什麼，就會嗶嗶叫，讓醫生知道目前的情況。它常常叫，搞得很多人擔心出了什麼問題，其實就跟手機收到訊息會發出聲音一樣，是很正常的。
呼吸器
如果病人沒辦法靠自己的胸部呼吸，這台機器可以把空氣不斷送進他們的胸部、再抽出來。這裡面有個空氣箱，它的一邊會不停的一推一拉，空氣就會從塑膠管進入病人的嘴巴或鼻子。
擠壓器
塑膠管的中間有水，可以用旋轉擠壓器把水擠下去。
點滴大小
滴了多少
何時停
加進身體
胸部啟動器
你胸部裡的血液推送器一旦停止，必須馬上搶救。這台機器讓電流過它，讓它可以再開始跳動。
救心
手上的管子
這條塑膠管裡的水會從病人手上的小洞流進血管裡。
桌上的空氣
（以防沒有牆上的空氣可用）
可以移動的小桌子
病人可以把水杯放在上面，吃飯時間，醫生也會把食物放過來（除非病人生的病讓他們沒辦法吃東西）。
監視線
這幾條線連到電腦，記錄病人身體的情況，再把資料放到螢幕上。
送氣 2000 型
幫助不同病人的特別食物
特別的水（要加入血中的）
幫助大人呼吸的東西
幫助兒童呼吸的東西（小孩的喉嚨形狀不一樣，所以要用不同的東西。）
在病人手上弄出一個小洞的東西（醫生才能加進讓他們好起來的東西。）
從病人的手加東西進去的工具
清潔的東西
被子
這棟建築物裡面可能會冷，你需要的話，醫生通常會給你被子蓋。他們還有一個盒子，可以把被子烘得暖暖的，讓覺得很冷的人用。
可推式麻煩處理桌
如果病人在房間裡突然出現新的問題，來不及送到平常處理這類問題的地方，這時候醫生就會把這張桌子推過來。桌子裡面裝滿各種東西，可以先解決必須在幾分鐘內處理的問題。
滾輪
讓病人可以推著水袋架走來走去，上廁所就不用拿掉手上的管子。
腳踏板
踩下腳踏板可以移動床的某個部分，使床放平像普通床那樣，或坐起來像椅子那樣。
壓力褲
有些人有血管的問題，醫生可能會讓他們穿上特別的褲子。這種褲子會壓迫他們的腳，讓血往回流，免得太多血塞在身體某個地方，造成問題。
衣物箱
裡面通常是給病人用的衣服和被子，如果箱子是空的，病人也可以把自己的東西放進去（要用之前，最好還是先問一聲）。

運動的地方 球場

以及它們的大小（真正的場地比這裡畫的還大一千倍）

很多運動是在丟東西、踢東西，或打東西，有些還用到棍棒。比賽用不同的方式，把這些組合起來：

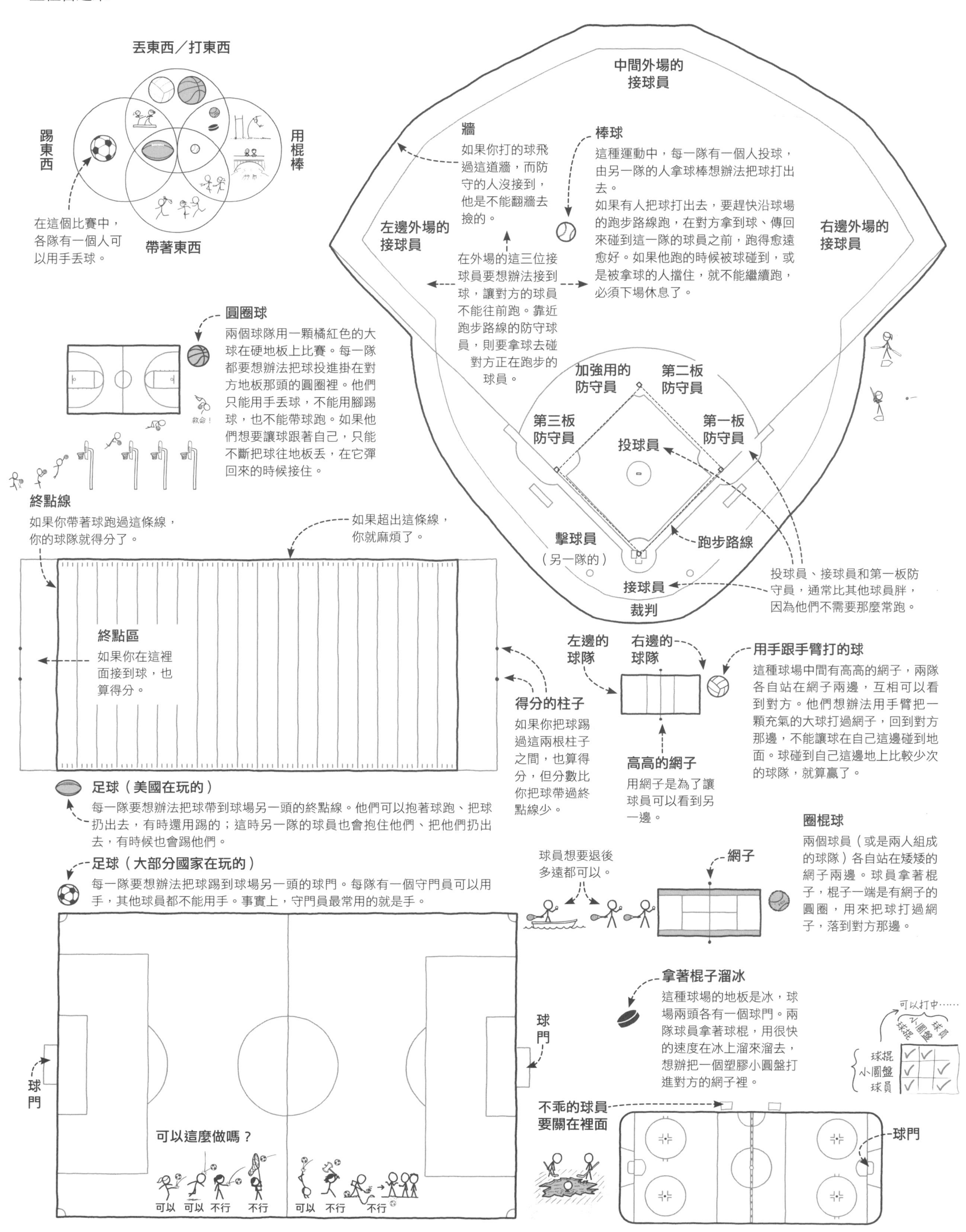

丟東西／打東西
踢東西
用棍棒
帶著東西
在這個比賽中，各隊有一個人可以用手丟球。
中間外場的接球員
牆
如果你打的球飛過這道牆，而防守的人沒接到，他是不能翻牆去撿的。
棒球
這種運動中，每一隊有一個人投球，由另一隊的人拿球棒想辦法把球打出去。
如果有人把球打出去，要趕快沿球場的跑步路線跑，在對方拿到球、傳回來碰到這一隊的球員之前，跑得愈遠愈好。如果他跑的時候被球碰到，或是被拿球的人擋住，就不能繼續跑，必須下場休息了。
左邊外場的接球員
右邊外場的接球員
在外場的這三位接球員要想辦法接到球，讓對方的球員不能往前跑。靠近跑步路線的防守球員，則要拿球去碰對方正在跑步的球員。
加強用的防守員
第二板防守員
第三板防守員
第一板防守員
投球員
擊球員（另一隊的）
跑步路線
接球員
裁判
投球員、接球員和第一板防守員，通常比其他球員胖，因為他們不需要那麼常跑。
圓圈球
兩個球隊用一顆橘紅色的大球在硬地板上比賽。每一隊都要想辦法把球投進掛在對方地板那頭的圓圈裡。他們只能用手丟球，不能用腳踢球，也不能帶球跑。如果他們想要讓球跟著自己，只能不斷把球往地板丟，在它彈回來的時候接住。
救命！
終點線
如果你帶著球跑過這條線，你的球隊就得分了。
如果超出這條線，你就麻煩了。
終點區
如果你在這裡面接到球，也算得分。
得分的柱子
如果你把球踢過這兩根柱子之間，也算得分，但分數比你把球帶過終點線少。
左邊的球隊
右邊的球隊
高高的網子
用網子是為了讓球員可以看到另一邊。
用手跟手臂打的球
這種球場中間有高高的網子，兩隊各自站在網子兩邊，互相可以看到對方。他們想辦法用手臂把一顆充氣的大球打過網子，回到對方那邊，不能讓球在自己這邊碰到地面。球碰到自己這邊地上比較少次的球隊，就算贏了。
足球（美國在玩的）
每一隊要想辦法把球帶到球場另一頭的終點線。他們可以抱著球跑、把球扔出去，有時還用踢的；這時另一隊的球員也會抱住他們、把他們扔出去，有時候也會踢他們。
足球（大部分國家在玩的）
每一隊要想辦法把球踢到球場另一頭的球門。每隊有一個守門員可以用手，其他球員都不能用手。事實上，守門員最常用的就是手。
球員想要退後多遠都可以。
網子
圈棍球
兩個球員（或是兩人組成的球隊）各自站在矮矮的網子兩邊。球員拿著棍子，棍子一端是有網子的圓圈，用來把球打過網子，落到對方那邊。
拿著棍子溜冰
這種球場的地板是冰，球場兩頭各有一個球門。兩隊球員拿著球棍，用很快的速度在冰上溜來溜去，想辦法把一個塑膠小圓盤打進對方的網子裡。
可以打中……
球棍
小圓盤
球員
球門
可以這麼做嗎？
可以
可以
不行
不行
可以
不行
不行
不乖的球員要關在裡面

地球的過去　地球的地質年代

從過去到現在，發生的每件事（也不是每件事啦！）

我們從岩石得知地球的歷史。岩石一層一層堆疊起來，每一層代表不同的年代，我們可以根據世界各地的岩層，拼湊出地球誕生以來的任何一段歷史。

如果把地球的全部歷史畫成層層相疊的岩石，每一年的厚度都一樣，就會像這張圖。當然，實際上並沒有任何一個地方，所有的岩層都連續相疊，而且地球歷史上最古老的年代並沒有留下岩層。

從人類學會寫字和建造城市開始算起，代表人類全部歷史的那一層，就只有一張紙那麼薄。

冰河時代

人類大約這時候開始會說話

現在

小心！

太空石頭撞上地球

一塊很大的石頭撞到地球，很多動物死掉，只剩幾種活下來，例如鳥、幾種魚，以及我們的祖先。

恐龍時代

恐龍時代

名氣和體型都很巨大的各種恐龍生活在這個時代，但現在的鳥，是恐龍家族裡面唯一活下來的動物。不過，現在有一些動物的祖先，在那時是恐龍的親戚，例如牙齒又大又尖的鱷魚。

植物時代

大滅絕

這時候的所有生物幾乎都死掉了，我們不確定為什麼會這樣。只知道那時候的空氣和大海都變得很不一樣，而且大約同時，很多熱岩石從地底冒出來，蓋住了一大片土地。所以不管到底發生了什麼事，絕對都是很糟糕的。

「大滅絕」不是我自己創的名詞，科學家就是這麼說的。

巨大或千奇百怪的生物出現了

這時候開始出現大型動物。我們在這個時期的岩石中，發現了各種千奇百怪的生物。

冷死了！

這時候地球變得非常非常冷，大部分地方都變成冰天雪地，甚至連地球中間附近一直都很熱的地方，也很冷。

這塊太空石頭撞到地球以後，有一個動物家族愈來愈大，也愈來愈重要。這個動物家族後來產生了我們、狗和貓這些動物（但不包括鳥和魚）。

陸地合起來又分開

現在地球的陸地分為五六大塊，它們之間有海水隔開，但是很久以前，它們曾經全部合在一起。我們猜陸地這樣分分合合應該不只一次，但不確定到底有幾次。

簡單時代

有很長一段時間，地球上只有很簡單的生命。動物還沒出現，大部分生物都很小，不是單獨一個小水袋游來游去，就是一堆小水袋聚集在海底，愈長愈大堆。

太空石頭害死恐龍

空氣大變身

空氣在這時候產生很大的變化。大海出現一種生命，它們會吸收陽光，吐出一種新的氣體。這種新氣體殺死了其他大部分生命，但卻成為現在我們呼吸的空氣中一定要有的成分，所以對我們反而是好的！有了這種氣體以後，才開始有火。

現在的花和樹，跟這種早期生命一樣，會吸收陽光，吐出我們需要的氣體。花和樹的葉子裡有一種東西會吸收陽光，讓它們看起來綠綠的，我們認為這種東西就是當初改變空氣的那種生命的後代。

恐龍時代

太空石頭撞到地球

太空石頭撞到地球

紅色金屬線

從前的海水裡充滿了一種金屬（情況就像鹽加到湯裡面那樣）。

當空氣改變，新氣體愈來愈多，海水裡的金屬漸漸變成紅色，沉到海底，後來就變成岩層之間一條一條漂亮的紅線。

我們現在把這種金屬從岩石中取出來，用來做機器或蓋大樓。

石頭從天而降

月球表面上大部分的圓圈都是這時候形成的，我們猜想當時應該有很多太空石頭飛到這附近。

這些石頭可能是離太陽很遠的大型氣體星球「丟」過來的。當時這些星球正在調整它們的圓形路線（有一些還因此跑到別的地方），它們的拉力有可能改變了附近石頭的路線，於是有些石頭就朝我們飛來。

既然有石頭撞到月球，應該也有石頭撞到地球（以及別的星球），使陸地變成像水那樣流動，而且把海水化成空氣。

生命最早的痕跡

這時期的岩石出現生命最早的痕跡。我們發現一些黑岩石（可以做成寫字棒的那種岩石），應該是生物死掉變成的。

不過這時期的石頭太少了，而且太古老，很難百分之百確定是這樣。

更古老的生命？

所有生命都屬於同一個大家族。當生物生小孩，小孩長大又生小孩，生物小水袋裝的資料也會漸漸變得不一樣。科學家從不同生物的小水袋取出資料做比較，就能知道這些生物在多久以前有共同的祖先。

科學家想找出所有生命的共同祖先出現在多久以前，他們得出的年代比石頭從天而降更早一點。

可是我們認為那時海水化成了空氣，岩石起火燃燒，很難了解生命如何撐過那段時期。

地球形成

地球、太陽和它周圍的星球，差不多在同一個時候，由同一團氣體形成。地球剛形成時非常熱，但應該很快就變冷了，因為我們發現很多跡象，都說明地球形成後過沒多久就已經有水了。

月球形成

我們認為地球正在形成的時候，可能有一顆星球撞過來，那些撞飛到太空中的岩石，變成了月球。

問號時代

這裡畫的是從地球形成一直到現在的岩層，但實際上，這時候的岩石並沒有又大塊又完整的留下來，所以很難說當時地球是什麼樣子。我們想，地球可能全都是海洋，至少有一部分是，不過實在無法確定。

? ? ? ? ? ? ? ? ?

生命樹 生命的家族樹狀圖

所有我們知道的生命都屬於同一個大家族。我們全部來自地球早期出現的一個生命。這個生命成長、生出下一代，隨時間過去，愈變愈多樣。人類和樹木、花草，都是這第一個生命的後代。

每當生物生出下一代，傳下去的資料都會有點改變，使得下一代跟上一代稍微不一樣。隨時間過去，最後這些小改變可能會讓一種生物變成完全不同種類的生物。這棵生命樹展現了一種生物怎麼分出不同種類的生物。

這棵生命樹沒有畫出全部生物，這些只是一小部分，主要是你可能認識的生物，好讓你知道那些生物在生命大家族裡位於哪個分支。

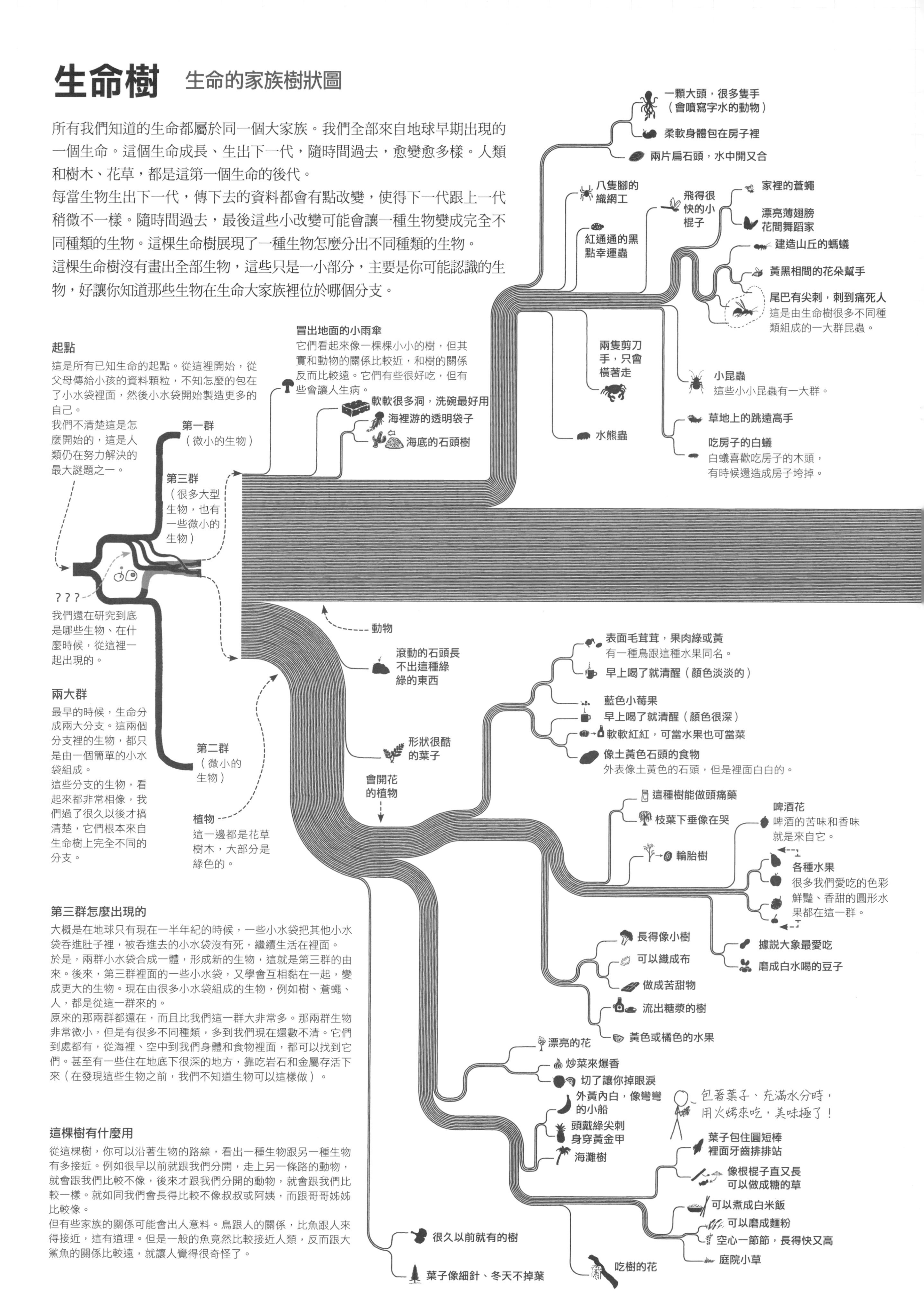

一顆大頭，很多隻手
（會噴寫字水的動物）
柔軟身體包在房子裡
兩片扁石頭，水中開又合
八隻腳的織網工
紅通通的黑點幸運蟲
飛得很快的小棍子
家裡的蒼蠅
漂亮薄翅膀花間舞蹈家
建造山丘的螞蟻
黃黑相間的花朵幫手
尾巴有尖刺，刺到痛死人
這是由生命樹很多不同種類組成的一大群昆蟲。
兩隻剪刀手，只會橫著走
小昆蟲
這些小小昆蟲有一大群。
草地上的跳遠高手
吃房子的白蟻
白蟻喜歡吃房子的木頭，有時候還造成房子垮掉。
水熊蟲
冒出地面的小雨傘
它們看起來像一棵棵小小的樹，但其實和動物的關係比較近，和樹的關係反而比較遠。它們有些很好吃，但有些會讓人生病。
軟軟很多洞，洗碗最好用
海裡游的透明袋子
海底的石頭樹
第一群
（微小的生物）
第三群
（很多大型生物，也有一些微小的生物）
第二群
（微小的生物）
???
動物
植物
滾動的石頭長不出這種綠綠的東西
形狀很酷的葉子
會開花的植物
表面毛茸茸，果肉綠或黃
有一種鳥跟這種水果同名。
早上喝了就清醒（顏色淡淡的）
藍色小莓果
早上喝了就清醒（顏色很深）
軟軟紅紅，可當水果也可當菜
像土黃色石頭的食物
外表像土黃色的石頭，但是裡面白白的。
這種樹能做頭痛藥
枝葉下垂像在哭
輪胎樹
啤酒花
啤酒的苦味和香味就是來自它。
各種水果
很多我們愛吃的色彩鮮豔、香甜的圓形水果都在這一群。
據說大象最愛吃
磨成白水喝的豆子
長得像小樹
可以織成布
做成苦甜物
流出糖漿的樹
黃色或橘色的水果
漂亮的花
炒菜來爆香
切了讓你掉眼淚
外黃內白，像彎彎的小船
頭戴綠尖刺身穿黃金甲
海灘樹
包著葉子、充滿水分時，用火烤來吃，美味極了！
葉子包住圓短棒裡面牙齒排排站
像根棍子直又長可以做成糖的草
可以煮成白米飯
可以磨成麵粉
空心一節節，長得快又高
庭院小草
吃樹的花
很久以前就有的樹
葉子像細針、冬天不掉葉

起點

這是所有已知生命的起點。從這裡開始，從父母傳給小孩的資料顆粒，不知怎麼的包在了小水袋裡面，然後小水袋開始製造更多的自己。

我們不清楚這是怎麼開始的，這是人類仍在努力解決的最大謎題之一。

我們還在研究到底是哪些生物、在什麼時候，從這裡一起出現的。

兩大群

最早的時候，生命分成兩大分支。這兩個分支裡的生物，都只是由一個簡單的小水袋組成。

這些分支的生物，看起來都非常相像，我們過了很久以後才搞清楚，它們根本來自生命樹上完全不同的分支。

植物
這一邊都是花草樹木，大部分是綠色的。

第三群怎麼出現的

大概是在地球只有現在一半年紀的時候，一些小水袋把其他小水袋吞進肚子裡，被吞進去的小水袋沒有死，繼續生活在裡面。

於是，兩群小水袋合成一體，形成新的生物，這就是第三群的由來。後來，第三群裡面的一些小水袋，又學會互相黏在一起，變成更大的生物。現在由很多小水袋組成的生物，例如樹、蒼蠅、人，都是從這一群來的。

原來的那兩群都還在，而且比我們這一群大非常多。那兩群生物非常微小，但是有很多不同種類，多到我們現在還數不清。它們到處都有，從海裡、空中到我們身體和食物裡面，都可以找到它們。甚至有一些住在地底下很深的地方，靠吃岩石和金屬存活下來（在發現這些生物之前，我們不知道生物可以這樣做）。

這棵樹有什麼用

從這棵樹，你可以沿著生物的路線，看出一種生物跟另一種生物有多接近。例如很早以前就跟我們分開，走上另一條路的動物，就會跟我們比較不像，後來才跟我們分開的動物，就會跟我們比較一樣。就如同我們會長得比較不像叔叔或阿姨，而跟哥哥姊姊比較像。

但有些家族的關係可能會出人意料。鳥跟人的關係，比魚跟人來得接近，這有道理。但是一般的魚竟然比較接近人類，反而跟大鯊魚的關係比較遠，就讓人覺得很奇怪了。

有骨頭的動物

這邊的動物在身體裡都有骨頭。生命樹其他部分的一些動物，雖然也有像骨頭一樣硬硬的東西，但都長在身體外面。而這部分動物的骨頭長在身體裡面，軟軟的部分掛在骨頭上面。

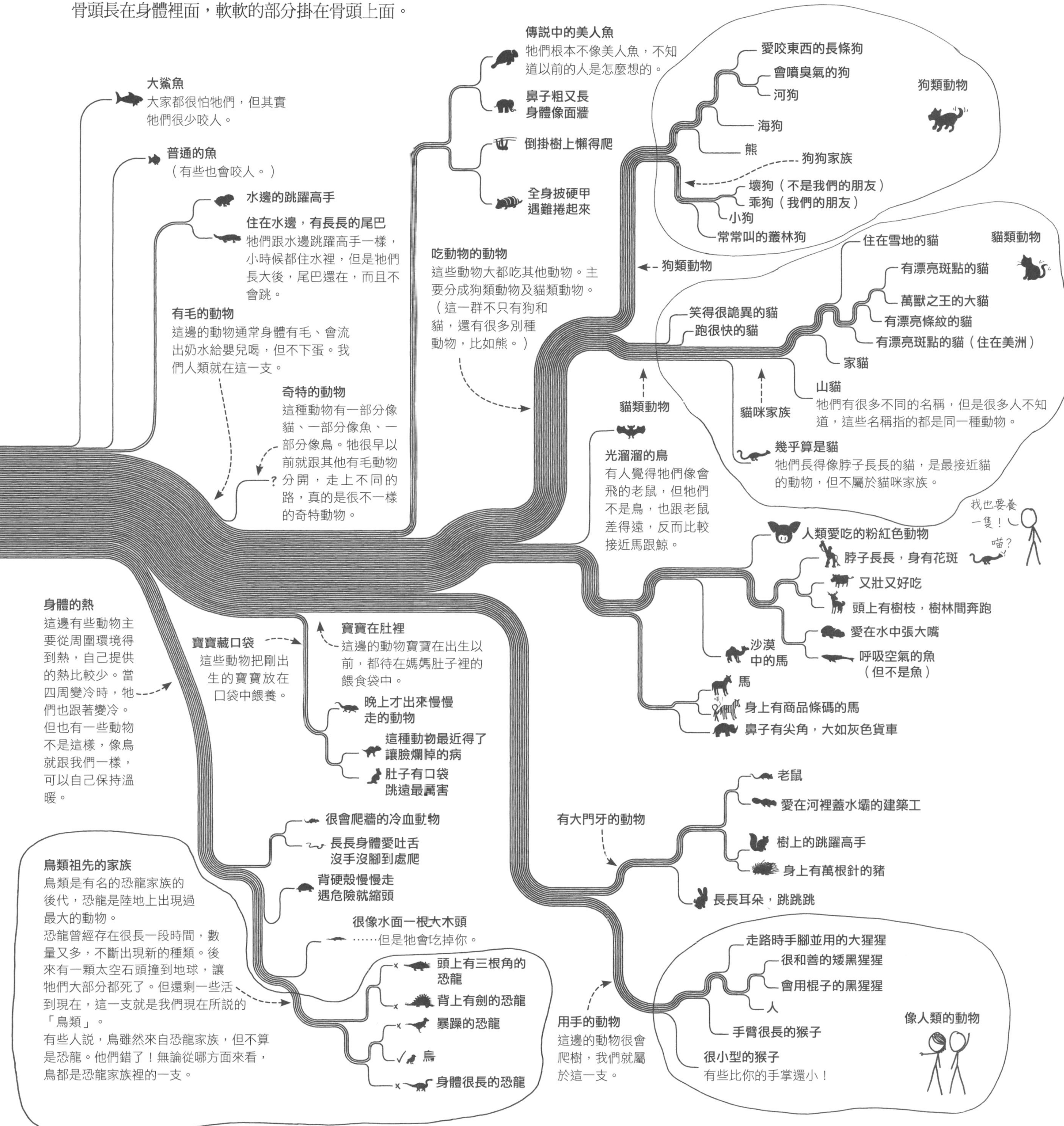

大鯊魚
大家都很怕牠們，但其實牠們很少咬人。
普通的魚
（有些也會咬人。）
水邊的跳躍高手
住在水邊，有長長的尾巴
牠們跟水邊跳躍高手一樣，小時候都住水裡，但是牠們長大後，尾巴還在，而且不會跳。
有毛的動物
這邊的動物通常身體有毛、會流出奶水給嬰兒喝，但不下蛋。我們人類就在這一支。
奇特的動物
這種動物有一部分像貓、一部分像魚、一部分像鳥。牠很早以前就跟其他有毛動物分開，走上不同的路，真的是很不一樣的奇特動物。
傳說中的美人魚
牠們根本不像美人魚，不知道以前的人是怎麼想的。
鼻子粗又長
身體像面牆
倒掛樹上懶得爬
全身披硬甲
遇難捲起來
吃動物的動物
這些動物大都吃其他動物。主要分成狗類動物及貓類動物。（這一群不只有狗和貓，還有很多別種動物，比如熊。）
愛咬東西的長條狗
會噴臭氣的狗
河狗
海狗
熊
狗狗家族
壞狗（不是我們的朋友）
乖狗（我們的朋友）
小狗
常常叫的叢林狗
狗類動物
狗類動物
住在雪地的貓
貓類動物
有漂亮斑點的貓
萬獸之王的大貓
有漂亮條紋的貓
有漂亮斑點的貓（住在美洲）
笑得很詭異的貓
跑很快的貓
家貓
山貓
牠們有很多不同的名稱，但是很多人不知道，這些名稱指的都是同一種動物。
貓類動物
貓咪家族
光溜溜的鳥
有人覺得牠們像會飛的老鼠，但牠們不是鳥，也跟老鼠差得遠，反而比較接近馬跟鯨。
幾乎算是貓
牠們長得像脖子長長的貓，是最接近貓的動物，但不屬於貓咪家族。
我也要養一隻！
喵？
人類愛吃的粉紅色動物
脖子長長，身有花斑
又壯又好吃
頭上有樹枝，樹林間奔跑
愛在水中張大嘴
呼吸空氣的魚
（但不是魚）
沙漠中的馬
馬
身上有商品條碼的馬
鼻子有尖角，大如灰色貨車
身體的熱
這邊有些動物主要從周圍環境得到熱，自己提供的熱比較少。當四周變冷時，牠們也跟著變冷。但也有一些動物不是這樣，像鳥就跟我們一樣，可以自己保持溫暖。
寶寶藏口袋
這些動物把剛出生的寶寶放在口袋中餵養。
寶寶在肚裡
這邊的動物寶寶在出生以前，都待在媽媽肚子裡的餵食袋中。
晚上才出來慢慢走的動物
這種動物最近得了讓臉爛掉的病
肚子有口袋
跳遠最厲害
很會爬牆的冷血動物
長長身體愛吐舌
沒手沒腳到處爬
背硬殼慢慢走
遇危險就縮頭
很像水面一根大木頭
……但是牠會吃掉你。
鳥類祖先的家族
鳥類是有名的恐龍家族的後代，恐龍是陸地上出現過最大的動物。
恐龍曾經存在很長一段時間，數量又多，不斷出現新的種類。後來有一顆太空石頭撞到地球，讓牠們大部分都死了。但還剩一些活到現在，這一支就是我們現在所說的「鳥類」。
有些人說，鳥雖然來自恐龍家族，但不算是恐龍。他們錯了！無論從哪方面來看，鳥都是恐龍家族裡的一支。
頭上有三根角的恐龍
背上有劍的恐龍
暴躁的恐龍
鳥
身體很長的恐龍
老鼠
愛在河裡蓋水壩的建築工
有大門牙的動物
樹上的跳躍高手
身上有萬根針的豬
長長耳朵，跳跳跳
走路時手腳並用的大猩猩
很和善的矮黑猩猩
會用棍子的黑猩猩
人
手臂很長的猴子
像人類的動物
用手的動物
這邊的動物很會爬樹，我們就屬於這一支。
很小型的猴子
有些比你的手掌還小！

這裡只是生命樹中很小很小的一部分。整棵生命樹太大了，不可能畫進一幅圖中。而且生物的種類太多了，多到沒有人能夠一一幫所有生物取名，不論是用哪種語言。更何況，真正的生命樹不會像這樣，每種生物只有一條線連著。這棵樹應該畫出，一種生物慢慢變成另一種生物的過程中，出現過的每一個生命，連接這些生命的一大堆線會互相交叉、連接和纏繞，布滿整個頁面，這樣我們才能沿著線，一路往回找到最初的生命，沒有中斷。

沒人知道世界上到底有多少生命，我們可以稍微估算看看，結果真的很多！我們不但沒辦法用足夠的語言幫全部生命取名字，就連究竟有多少生命都很難數清。

有個方式可以讓你稍微想像一下，住在地球上的生命有多少：這顆星球表面有一片大海，周圍環繞許多沙灘。有一天，你走在沙灘上，抓起一把沙，看著手上的沙粒。想像腳底下的每一顆沙粒都相當於一顆星球，跟地球一樣，每一顆星球也有自己的海洋和沙灘。完整生命樹上所包含的生命，大概就是把每顆沙粒小星球裡所有沙灘上的沙子全部加起來這麼多。

跟我們談到的這顆奇妙星球相比，人類所有用到的文字，實在是微不足道。

科學天地 152

解事者 複雜的事物我簡單說明白

Thing Explainer: Complicated Stuff in Simple Words

原著 —蘭德爾・門羅（Randall Munroe）
譯者 — 張瑞棋
科學文化叢書顧問群 — 林和、牟中原、李國偉、周成功

總編輯 — 吳佩穎
編輯顧問 — 林榮崧
系列主編 — 林文珠
責任編輯 — 徐仕美（特約）、林文珠
封面構成與版型設計 — 黃淑雅

出版者 — 遠見天下文化出版股份有限公司
創辦人 — 高希均、王力行
遠見・天下文化 事業群董事長 — 高希均
事業群發行人／CEO — 王力行
天下文化社長 — 林天來
天下文化總經理 — 林芳燕
國際事務開發部兼版權中心總監 — 潘欣
法律顧問 — 理律法律事務所陳長文律師
著作權顧問 — 魏啟翔律師
社址 — 台北市104松江路93巷1號2樓
讀者服務專線 — 02-2662-0012 ｜ 傳真 — 02-2662-0007, 02-2662-0009
電子郵件信箱 — cwpc@cwgv.com.tw
直接郵撥帳號 — 1326703-6號 遠見天下文化出版股份有限公司

製版廠 — 東豪印刷事業有限公司
印刷廠 — 立龍藝術印刷股份有限公司
裝訂廠 — 精益裝訂股份有限公司
登記證 — 局版台業字第2517號
總經銷 — 大和書報圖書股份有限公司 電話／02-8990-2588
出版日期 — 2021年12月24日第一版第7次印行

定價 — NT880元
書號 — BWS152
ISBN — 978-986-479-098-2
天下文化官網 — bookzone.cwgv.com.tw

國家圖書館出版品預行編目(CIP)資料

解事者 : 複雜的事物我簡單說明白
蘭德爾・門羅(Randall Munroe)著 ;
張瑞棋譯. -- 第一版. -- 臺北市 :
遠見天下文化, 2016.10
面 ; 公分. -- (科學天地 ; 152)
譯自 : Thing explainer : complicated stuff in simple words
ISBN 978-986-479-098-2(精裝)

1.科學 2.通俗作品

307.9 105018960

嗶啵，我是臉書
糟了